无人驾驶航空器感知与避让原理及技术

汤新民　顾俊伟　著

科学出版社
北京

内 容 简 介

本书深度剖析了无人驾驶航空器感知与避让原理及技术的核心热点问题，紧密依托 2021 年 RTCA DO-365B 最新规划要求，全面系统地阐述了无人驾驶航空器感知与避让的原理、研究现状与前沿技术手段。从无人驾驶航空器的精准感知技术，到高效的目标跟踪技术；从智能的避让决策方法，到精细的避让路径规划；再到复杂的动态冲突避让系统，本书逐一展开，内容丰富，前瞻性与实用性强。

本书的特色在于其独特的视角——聚焦于无人驾驶航空器的自主感知与避让能力，对于提升无人驾驶航空器的安全、效率及智能化水平具有重要意义，可作为高等院校无人驾驶航空器系统工程、低空技术与工程等相关专业的高年级本科生和研究生教材，也可作为从事飞行管控、教学、研究和无人驾驶航空器监视/避让设备制造、使用的各类人员的参考书。

图书在版编目（CIP）数据

无人驾驶航空器感知与避让原理及技术 / 汤新民，顾俊伟著. 北京 : 科学出版社，2025. 7. -- ISBN 978-7-03-080789-2

Ⅰ. V47

中国国家版本馆 CIP 数据核字第 2024C2S521 号

责任编辑：陈 琪 / 责任校对：王 瑞
责任印制：师艳茹 / 封面设计：马晓敏

科学出版社 出版
北京东黄城根北街 16 号
邮政编码：100717
http://www.sciencep.com

北京市金木堂数码科技有限公司印刷

科学出版社发行 各地新华书店经销

*

2025 年 7 月第 一 版 开本：787×1092 1/16
2025 年 7 月第一次印刷 印张：10 1/2
字数：249 000

定价：79.00 元

（如有印装质量问题，我社负责调换）

前　言

党的二十大报告明确指出："教育、科技、人才是全面建设社会主义现代化国家的基础性、战略性支撑。"在此背景下，作者深度挖掘无人驾驶航空器感知与避让技术的精髓，并前瞻性地将人工智能等前沿科技融入本书，致力于编写一本能够启迪智慧、引领未来的教材。

与此同时，中国民用无人驾驶航空器行业正迎来前所未有的发展机遇，中国民用无人驾驶航空器行业受到各级政府的高度重视和国家产业政策的重点支持。2024 年 3 月 5 日，李强总理代表国务院在第十四届全国人民代表大会第二次会议的《政府工作报告》中提到，加快发展新质生产力，积极打造生物制造、商业航天、低空经济等新增长引擎。国家陆续出台了多项政策，鼓励民用无人驾驶航空器行业发展与创新。《"十四五"通用航空发展专项规划》《无人驾驶航空器飞行管理暂行条例》《民用无人驾驶航空器运行安全管理规则》(CCAR-92 部)等法规政策为民用无人驾驶航空器行业的发展提供了明确、广阔的市场前景。随着无人驾驶航空器数量的激增，如何保证无人驾驶航空器与有人驾驶航空器混合运行安全是当前亟须解决的问题。

无人驾驶航空器与有人驾驶航空器共享空域飞行是未来的发展趋势，避免无人驾驶航空器之间、无人驾驶航空器与有人驾驶航空器之间的碰撞危险是无人驾驶航空器进入融合空域亟待解决的关键问题。一方面，本书提出无人驾驶航空器感知与避让技术的理论方案，引入了民航新技术的应用(包括 1090ES 数据链、UAT 数据链、毫米波雷达等)以及国内外先进的成熟算法，用于解决无人驾驶航空器的感知与避让问题，能够为未来无人驾驶航空器运行安全提供理论与技术指导。另一方面，随着低空经济的发展，国内众多院校开设了无人驾驶航空器系统工程专业，中国民航大学是最早开设该专业的院校之一，本书所涉及的专业知识也是该专业人才应具备的知识体系的重要组成部分。本书的内容有助于相关专业学生系统掌握无人驾驶航空器感知与避让系统的组成和工作原理，并将相关技术及装备应用在无人驾驶航空器系统的研发、设计和运行领域，提升我国低空空域运行的安全性。

本书由中国民航大学汤新民和南京航空航天大学顾俊伟编写，共 6 章。第 1 章是感知与避让技术概述，包含基本原理、研究现状与 DAA 系统概述；第 2 章是无人驾驶航空器感知技术，包括 ADS-B 监视感知技术、1090ES 链路、UAT 链路、ACAS X、非合作感知技术；第 3 章是无人驾驶航空器目标跟踪技术，包括 STM 数据处理、本机数据处理、入侵机数据处理；第 4 章是无人驾驶航空器避让决策方法，包括 RPD 模型、FCM 模型、MDP 模型、无人驾驶航空器 DAA 中决策机制的设计；第 5 章是无人驾驶航空器避让路径规划，包括位姿空间、路径搜索方法、优化方法和人工势场法；第 6 章是无人驾驶航空器动态冲突避让系统，包括 DAA 模块的工作原理、DAA 净空模型构建、UAS 通行路权授权、UAS 的机动性能要求、DAIDALUS 算法实现及仿真案例。其中，第 1、3、5 章及 6.1 节～6.2 节由汤新民编写；第 2、4 章及 6.3～6.6 节由顾俊伟编写。

本书的撰写和出版，得到国家自然科学基金项目“基于精细化时空管控的无人机空中交通管理研究”(61773202)、中华人民共和国科学技术部外国专家项目“城市空中交通 UAM 飞行控制及通信导航监视技术”(G2023202003L)、天津市自然科学基金项目“高密度混合运行条件下的异构电动垂直起降飞行器自主感知与避让研究”(24JCZDJC00090)，以及中国民航管理干部学院民航通用航空运行重点实验室开放基金项目“基于 ADS-B 的低空通航飞行监视服务关键技术研究”(CAMICKFJJ-2019-04)的资助，在此表示感谢！

随着低空经济的迅猛发展，无人驾驶航空器感知与避让技术还在不断完善和发展中，限于作者水平，书中难免有不足之处，恳请读者批评指正。

作　者

2024 年 8 月

目　录

第 1 章　感知与避让概述

感知与避让技术是无人系统领域中的一个至关重要的组成部分，它涵盖了广泛的原理和应用，旨在实现飞行器、车辆和其他自主系统的安全与协调运行。本章将探讨感知与避让技术的基本原理，及其在不断发展的研究领域中的最新进展。通过深入了解感知与避让技术，可以更好地理解无人系统的核心工作原理和当前的发展方向。

在本章开始，将介绍感知与避让的基本原理，这些原理涉及如何感知周围环境、识别潜在威胁以及采取必要的措施来避免碰撞或冲突。随后，将深入研究感知与避让技术的研究现状，包括机载感知技术、目标跟踪技术和避让决策技术。这些领域的最新进展对于提高自主系统的安全性和效能至关重要。另外，还将探讨感知与避让(又称探测与避让(detect and avoid，DAA))系统的概述，包括机载 DAA 设备架构和地面 DAA 设备架构。这些系统是感知与避让技术的实际应用，它们通过有效的感知和协调来确保各种自主系统的协同运行。

1.1　感知与避让的基本原理

近年来，无人驾驶航空器系统(unmanned aircraft system，UAS)技术得到了飞速发展和广泛的研究应用。在军事方面，无人驾驶航空器(unmanned aircraft，UA)已经成为信息化、网络化战场应用中的重要组成部分；在民用方面，无人驾驶航空器技术在遥感测绘、地质勘测、反恐、灾害救援等方面同样具有广泛的应用前景。随着军民领域对无人驾驶航空器的需求日益强烈以及空域的进一步开放，未来空域将日趋密集，呈现无人驾驶航空器、有人驾驶航空器空域共享的复杂空中交通态势。由于无人驾驶航空器系统在任务应用、运行方式等方面与现有的空中交通系统中的飞行器存在较大的差异，现有的空管体系下的空中交通安全保障技术难以确保大量无人驾驶航空器应用后的空域安全。无人驾驶航空器的运行方式决定其难以通过飞行员“看见并规避”实现安全保障，而是必须具备自主的飞行空域内环境感知、碰撞威胁估计、规避路径规划与机动控制能力，即无人驾驶航空器的感知与避让功能。感知与避让技术是未来无人驾驶航空器空域集成应用的重要安全保障，也是无人驾驶航空器自主化、智能化的核心标志之一。

无人驾驶航空器系统一般由无人驾驶航空器飞行操作平台、地面控制站、指挥与通信数据链路等组成，是一种没有人驾驶也能够独立运行的航空器系统。作为交通工具，感知与避让能力是无人驾驶航空器系统自主性的体现，它体现在无人驾驶航空器需要具备与有人驾驶航空器同等能力的安全保证。与有人驾驶航空器的“看见并规避”类似，无人驾驶航空器的“感知与避让”需要包括以下几种基本的能力。

(1) 检测与跟踪能力：无人驾驶航空器利用机载传感器，如合作类型的广播式自动相关监视(automatic dependent surveillance-broadcast，ADS-B)、空中防撞系统(traffic collision avoidance system，TCAS)这样的通信链路，以及非合作类型的光电、雷达等感知设备，收集环境里的信息，对任务空间里的动态/静态、合作/非合作的目标进行检测、识别与跟踪，以达到对威胁障碍的定位与状态估计。

(2) 威胁评估能力：通过无人驾驶航空器感知到的其他威胁源信息，在该时刻的场景对其他威胁与自身当前状态进行建模分析，判断并估计当前以及未来一段时间的碰撞风险。

(3) 风险避让、冲突解脱能力：结合对当前时刻的碰撞风险进行估计考量，基于人为规则或优化指标等目标，根据当前场景的飞行约束，实现策略的制定和路径的生成。

图 1-1 描述了无人驾驶航空器感知与避让的完整过程，通常该过程为串级执行的关系，即感知与避让的预留时间 T 由检测与跟踪过程 T_{det}、威胁评估时间 T_{dm}、路径规划 T_{pp} 和规避机动控制 T_{pf} 过程组成，然而在实际的系统中，由于平台的功能特点和任务属性的不同，感知与避让包含的功能模块和相关的功能时序也可能不同。

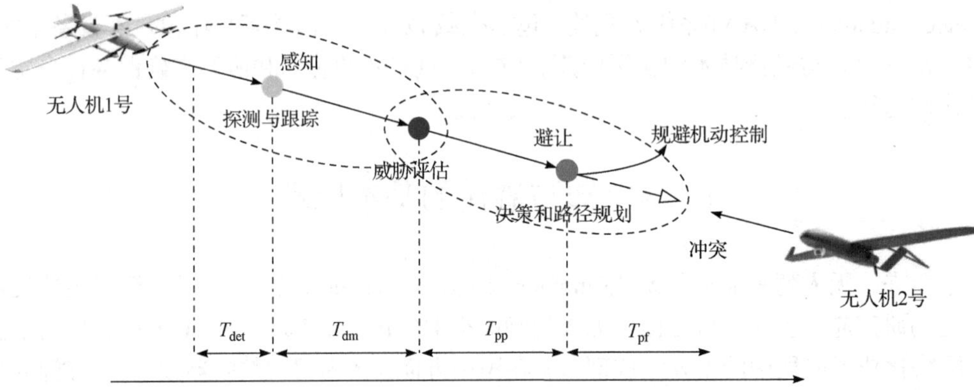

图 1-1　无人驾驶航空器感知与避让过程

相比于有人驾驶航空器的“看见并规避”功能，无人驾驶航空器系统的感知与避让功能依靠感知与避让智能算法设计以及传感器、平台、通信配置实现碰撞威胁的感知、评估和避让控制等功能，具有更高的技术难度和更复杂的系统集成度。其技术难度主要体现在以下 3 个方面。

(1) 感知信息不精确。在基于传感器信息进行目标检测和跟踪过程中，传感器的属性对感知信息的精度、质量具有决定性作用。无论是地基传感器还是空基传感器，往往存在着量测信息不精确，甚至信息缺失等问题。感知信息不精确会大大增加态势理解和威胁评估的不确定性，进而导致发生错误的避让决策和机动控制。

(2) 冲突模型不确定。随着无人驾驶航空器的应用领域不断扩展，飞行运行空域不断扩大，无人驾驶航空器任务操作过程中与环境的交互将日趋复杂。无人驾驶航空器的冲突模型将由单平台-单目标的简单冲突模型发展为多平台，有/无人驾驶航空器混合飞行中运动、静止等多种动态模型目标并存的复杂冲突模型。复杂的冲突场景将大大增加无人驾驶航空器系统的态势感知与威胁评估难度，降低其自主决策能力。

(3) 机动规划多约束。无人驾驶航空器感知与避让的路径规划控制受限于平台动态模型、飞行空域运行规则、碰撞威胁，以及任务属性等多种约束。在进行最优路径规划与机动控制的过程中，要充分考虑多种约束条件，而这些条件往往表现为非凸、非线性等特点，这无疑增加了机动规划优化过程的难度。

系统集成的复杂性体现在：

(1) 无人驾驶航空器感知与避让系统配置。无人驾驶航空器的感知与避让系统设计需充分考虑无人驾驶航空器的平台属性、传感器的功能特点，以及相关的政策法规和监管规则，进行传感器参数优化和安装设计，以达到与有人驾驶航空器“看见并规避”等价安全(equivalent level of safety，ELOS)的环境感知能力。

(2) 在未来空域共享飞行过程中，无人驾驶航空器感知与避让系统需通过合适的操作规程和技术手段，实现与现有的空中交通管理系统的有效交互，从而达到空域集成和共享的目的。

无人驾驶航空器感知与避让技术是一项技术研究与政策规则发展相辅相成、协同发展的技术。一方面，无人驾驶航空器感知与避让相关的技术发展具有鲜明的政策、标准导向性，即无人驾驶航空器的系统配置、通信、感知避让操作等要遵守相关的航空法规、设计参考、适航标准和运行准则。另一方面，感知与避让技术研究能够促进相关航空政策标准的改革，即新平台、新技术、高自主的空中交通形态，必然会带来空中交通管理手段、运行标准的革新和政策法规的变化，通过技术研究与政策标准的相互迭代发展，共同促进无人驾驶航空器空域集成应用和保障空域飞行安全。

1.2 感知与避让的研究现状

1.2.1 机载感知技术

无人驾驶航空器空域感知能力是指无人驾驶航空器对飞行空域中各类目标的检测、识别的能力。由于机上没有操作人员，其感知途径包括两种：一是通信链路将数据直接传送至地面操作人员，由地面操作人员执行；二是通过机载计算机加载感知算法实现空域的感知。前者的优点是通过有经验的操作人员能够直观、高效地执行感知功能，缺点是该方法高度依赖数据传输通信链路的稳定性。后者不需要占用较大的通信带宽，感知功能在机上自主运行，能够极大地提高系统工作效率。但感知功能的实现极大地依靠算法的鲁棒性，如何设计稳定、高效的空域感知算法面临着挑战。目前，智能自主感知功能已成为无人自动化的关键功能，更是未来无人自动化发展的核心特征。

无人驾驶航空器的感知技术根据传感器属性、工作原理等差异进行分类。例如，根据目标数据获取方式的不同，可将用于感知的传感器分为合作式目标感知类型和非合作式目标感知类型，如图 1-2 所示。其中，合作式目标感知是指无人驾驶航空器通过自身设备接收其他飞行器发出的无线电信号进行空域目标感知，针对合作目标的主要技术手段包括空中防撞系统(TCAS)和广播式自动相关监视(ADS-B)技术。

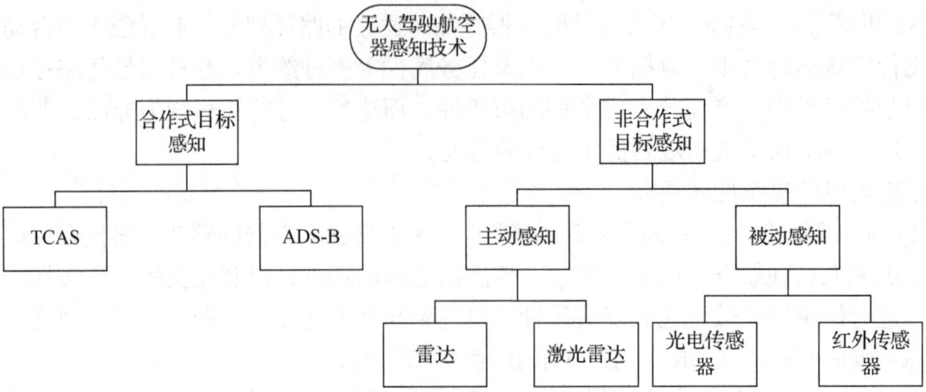

图 1-2　无人驾驶航空器感知技术的分类

空中防撞系统(TCAS)采用的是典型的空管应答机制，是一种由美国联邦航空管理局提出的空中防撞系统。它安装于机上，能够通过请求应答的方法来监视空中其他安装同设备的飞行器。装有 TCAS 的飞机在飞行过程中，不断地发送本机的信息，同时又不断监听来自空域中的其他 TCAS 发来的信息，结合自身的位置信息，TCAS 能够确定是否有飞行器靠近，并判断是否构成碰撞威胁。威胁评估主要分为两部分：一是水平距离测试，两架飞机之间的距离或者两架飞机相撞之间的最短时间；二是高度测试，对于高度的评测主要是判断在规定的安全范围内两架飞机是否接近。当两者检测都满足时，则证明是入侵飞机。在确定威胁后，TCAS 会产生避撞引导信息。但 TCAS 的探测范围局限于加载有应答机的飞行器，且系统获得的角度信息来源于 TCAS 天线，误差较大，综合考虑通信故障导致的 TCAS 故障，单独的 TCAS 并不能完成无人驾驶航空器空域障碍感知的任务。

ADS-B 技术利用全球定位系统(global positioning system，GPS)或其他导航源，广播飞行器自身的位置、速度和其他数据，无须经过询问。国际民用航空组织将其确定为未来监视技术发展的主要方向，国际航空界正在积极推进该项技术的应用。美国联邦航空管理局(Federal Aeronautics Administration，FAA)定义 ADS-B 系统是将雷达空管转化为依靠更加精确的卫星空管的重要技术，并计划在 2020 年以前将所有在国家空域的飞行器加装该系统。与雷达系统相比，ADS-B 能提供更加实时和准确的航空器位置、状态等监视信息，建设投资只有前者的 1/10 左右，并且维护费用低，使用寿命长。广泛应用该技术可以增加无雷达区域的空域容量，减少有雷达区域对雷达多重覆盖的需求，大大降低空中交通管理的费用。ADS-B 系统由 ADS-B OUT 和 ADS-B IN 两部分组成，ADS-B OUT 是指发射机以一定周期广播飞行器信息，其中包括识别标志(ID)、位置、高度、速度、方向和爬升率等。ADS-B IN 能够接收空中交通管制(air traffic control，ATC)和装备 ADS-B OUT 设备的飞行器的信息。ADS-B 系统不仅能够监视空域中装载有 ADS-B OUT 设备的飞行器，而且通过与 ATC 的交联，获取飞行空域的天气、地形、空域限制等飞行信息，结合飞行规程、ATC 信息、合作式目标感知的无人驾驶航空器飞行安全包络等详细信息，通过一定的算法能够进行无人驾驶航空器的路径规划、空域目标感知、威胁评估、冲突避让等。同时，ADS-B 系统可以将无人驾驶航空器纳入 ATC 的监管和管理，为安全高效的飞行提供保障。

合作式目标感知技术是无人驾驶航空器空域集成的重要技术，但由于合作式感知与避让需要本机与目标之间能够通过一定的协议获取对方的位置和状态信息。针对非合作目标，该协议并不存在，无法实现对空域飞行器的监视和避让。在这种情况下，必须通过无人驾驶航空器自身加装传感器实现对空域的非合作式目标感知。非合作式目标感知系统与技术同样是无人驾驶航空器感知与避让不可或缺的一部分。无人驾驶航空器机载主传感器包括光学、射频设备，光学设备中包括常见的可见光相机、红外相机、高光谱等。

无人驾驶航空器光学系统是实现无人驾驶航空器非合作目标感知与避让系统必不可少的传感器，也是满足等价有人飞行感知与避让的重要组成部分。在无人驾驶航空器系统中，光学设备主要通过光学吊舱加载于机头位置，其目的大多是实现精确的对地观测，从而为情报侦察、景象匹配导航等提供数据。而在无人驾驶航空器感知系统需求中，传感器视场需满足水平视场角 $H\pm110°$，垂直视场角 $V\pm15°$，因此，传感器任务载荷并不适用于无人驾驶航空器非合作式目标感知。针对该情况，只有通过加载另外的光学感知系统，通过合理布局，才能满足感知避让系统要求。通过光学传感器信息和数字图像处理系统，光学系统能够提供直观、准确的俯仰、方位角度信息。数字图像处理系统可以装载在平台上或者加载于地面站上。地面站实现图像数据处理不需要考虑机载平台的计算能力，能够在地面获取最直观的空域传感器信息。但由于通信延迟、信号不稳定等影响，地面站不能实时、准确地获取无人驾驶航空器飞行空域的信息。通过机载平台能够克服图传通信延迟、信号不稳定的缺点，实现实时、准确的空间感知信息。但由于大部分机载计算机不具备高速的图形计算功能，在中小型无人驾驶航空器中不具备机载计算机系统，必须加入专门的图像处理计算系统，从而加大了无人驾驶航空器的载荷。开发体积小、质量轻、功耗低、高度集成的机载图像处理平台是无人驾驶航空器光学感知系统的必然选择。由于光学系统仅能够获取目标的二维角度信息，无法获取目标的距离信息，因此，不能满足基于三维空间包络的无人驾驶航空器飞行安全规则。在高速、高空无人驾驶航空器系统中，依据角度信息无法实现对空域飞行目标的威胁评估，以及确定威胁后的最优路径规划。

无人驾驶航空器机载雷达系统能够全天候使用，对云、雾等有一定的穿透能力。同时，雷达具有探测范围广、测距精度高等特点。雷达系统是中型无人驾驶航空器和高空长航时无人驾驶航空器的主要任务载荷，利用机载雷达，能够实现对空域目标的感知，但由于任务功能需求不一致，需要重新对无人驾驶航空器天线进行设计，从而满足无人驾驶航空器视场的要求。但雷达系统大多体积、功耗较大，在中小型无人驾驶航空器系统中无法使用，且雷达系统测角精度较差，以此为依据进行无人驾驶航空器感知与避让机动，必然会造成较大的误差。另外，在更多的军事领域中，隐身、功耗等要求决定了雷达并不能连续工作于扫描模式。因此，单纯依靠雷达无法实现对空域目标的精确感知。

针对非合作式目标传感器，可见光、红外传感器等易受云、雾、雨、雪等天气限制而使得感知能力大大下降，只能获取目标的方位和俯仰角度信息。而雷达测角性能不精确，且受制于机载平台的工作模式和天线设计，不能完全满足感知需求。因此，依靠机载传感器实现对空域目标精确感知的多源信息融合目标感知方案具有重要的意义。

1.2.2 目标跟踪技术

目标跟踪的主要任务是指对传感器观测到的不同目标的量测信息进行关联、滤波等处理，估计出目标当前时刻的运动状态并预测目标下一时刻的状态，最终给出各个目标的完整航迹。

目标跟踪过程实际上是一个递推过程：首先，根据起始逻辑建立新目标航迹；然后，通过跟踪门规则和数据关联规则实现量测和航迹的配对，再利用机动辨识及自适应滤波与预测等跟踪维持方法估计各个目标的状态，从而更新已建立的目标航迹；将观测范围内不与任何已知航迹关联的量测值，用于创建新的目标航迹，而当有目标离开观测范围或消失时，由跟踪终止方法删除该目标航迹；最后，根据目标的预测状态确定下一时刻的跟踪门位置，并等待新的观测数据到来，重复此过程。

如图 1-3 所示，多目标跟踪基本步骤主要包括观测数据形成与处理、数据关联、机动判决、滤波与预测、跟踪起始与终结、跟踪门规则建立、多目标的状态。

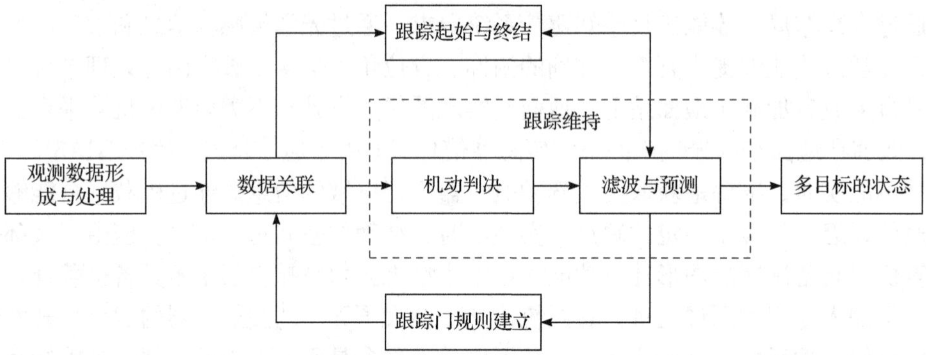

图 1-3　多目标跟踪基本流程

多目标跟踪通常具有以下几个方面的基本要素。

(1) 观测数据形成与处理。观测数据是指传感器检测到的所有量测值的集合，主要包括位置、速度、时间等目标运动状态等参数。对于观测数据中的噪声和杂波，可以进行降噪处理，提高数据的信噪比，从而有利于目标跟踪后续处理。

(2) 跟踪门规则建立。跟踪门的中心是被跟踪目标的预测位置，其大小由跟踪门内出现正确回波的概率决定。通过跟踪门首先可以把不可能属于该航迹的回波去除，而仅仅考虑出现在跟踪门内的一个或数个回波，将其作为候选回波，用于下一步的数据关联，从而显著减少下一步用于点迹–航迹关联的回波个数，提高了关联速度。

(3) 运动目标模型建模。运动目标模型的建立，有利于准确地从观测数据中提取出目标的运动状态信息，而几乎所有的机动目标跟踪方法都是基于模型的。运动目标有两种模式：非机动和机动。当目标非机动时，运动模型比较容易建立且跟踪精度高，但当目标为机动时，目标运动状态很难用表达式准确描述，所以也很难为其建立运动模型用于精准跟踪。目前，描述机动目标运动的数学模型包括一阶时间相关模型(Singer 模型)、“当前”统计模型和交互式多模型(interactive multiple model，IMM)等。

(4) 跟踪维持。跟踪维持主要包括机动判决、滤波与预测两部分，其主要目的是对目标进行连续跟踪以维持目标的航迹，并确保不发生误跟和失跟的现象。机动判决是指当目标出现机动时，判断机动发生的时间、持续时间以及强度等参数。滤波与预测的主要目的就是估计出目标当前时刻的状态并预测目标下一时刻的状态，其中预测值将作为下一时刻跟踪时跟踪门的中心。常见的跟踪滤波器有卡尔曼滤波器(Kalman filter，KF)、α-β 系列滤波器和粒子滤波器(particle filter，PF)等。

(5) 跟踪起始与终结。跟踪起始与终结是对新目标航迹的建立和对多余目标航迹消除的决策环节。跟踪起始过程主要包括起始暂时航迹和有限步确认航迹两个过程，没有与任何航迹关联的量测之间相互关联之后，产生暂时航迹，而当下一时刻还有量测值与该暂时航迹关联时，将该暂时航迹转变为确定航迹。跟踪终结是指当目标逃出观测范围或者被摧毁，即目标消失时，跟踪系统应当作出相应决策，消除多余的目标航迹。

1.2.3　避让决策技术

避让决策过程包括感知系统、目标设定、决策机制、航迹规划系统四个部分，如图 1-4 所示。

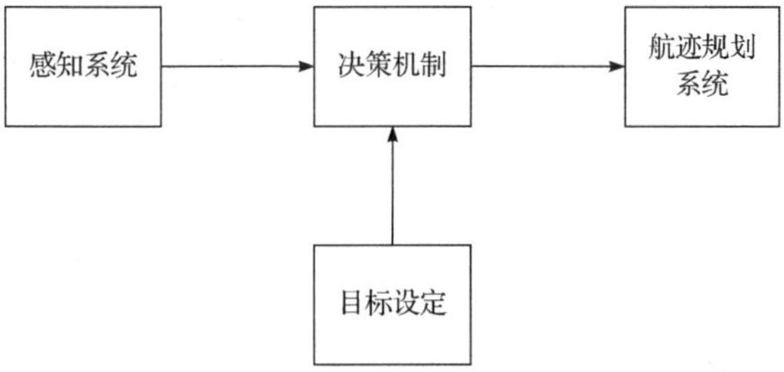

图 1-4　避让决策基本流程

(1) 感知系统。通常无人驾驶航空器会配备多源传感器监视装置，包括协作和非协作传感器，用于感知其周边其他有人/无人驾驶航空器的位置、状态等信息，通过航迹融合和跟踪技术，为 DAA 系统的决策机制提供目标感知与跟踪数据。

(2) 目标设定。通常一个 DAA 系统的目标设定就是指无人驾驶航空器在执行什么样的任务，无人驾驶航空器可以执行各种各样的任务，所以目标设定也会随着执行任务的不同而不同。不过对于本书中的 DAA 系统来说，无人驾驶航空器的目标就是从起点位置飞行到目标位置，并且在此过程中能够自主避开其他威胁机从而保证安全性。同时，目标设定是系统中决策机制的输入，它是决策机制运作的前提，是整个 DAA 系统的指导方针。

(3) 决策机制。它是一个 DAA 系统的核心所在。决策机制通过接收感知系统的信息以及目标设定输入的目标进行决策。决策机制的实现方式同样也是有很多种，包括认知主导决策(recognition primed decision，RPD)模型、模糊认知图(fuzzy cognitive map，FCM)模型、马尔可夫决策过程(Markov decision process，MDP)模型等。RPD 模型要求对人类专家经验进行建模，对于无人驾驶航空器问题来说，它需要得到飞行员的历史飞行数据，这通常需要对一个特定的飞行员进行长期的跟踪并记录数据，比较难以实现。FCM 模型应用在无人驾驶航空器上，需要依赖有人驾驶航空器的参与，它需要有人驾驶航空器共同参与决策，根据有人驾驶航空器的引导修正无人驾驶航空器的决策。MDP 模型不需要获得大量的飞行数据，也不需要有人驾驶航空器共同参与决策，它只需要对具体的环境进行建模。本书根据无人驾驶航空器 DAA 问题所处的环境进行建模，设定 MDP 的各个参数，包括将目标设定中的目标设置为 MDP 模型中的奖励函数，以及根据问题设置无人驾驶航空器的飞行动作为动作集等。

(4) 航迹规划系统。本书不深入研究航迹规划系统，航迹规划在决策机制中会被抽象成一个动作序列，然后这些动作序列代表无人驾驶航空器采取的飞行动作，随着这些动作的执行就会产生一个规划出来的航迹，可以把它看作航迹规划系统的结果。

1.3 DAA 系统概述

DAA 系统是为了协助无人驾驶航空器操作员(pilot in control, PIC)在国家空域系统中可以安全地操作无人驾驶航空器而开发的。如图 1-5 所示，DAA 系统由许多子系统和设备组成，包含无人驾驶航空器(UA)、控制站(control station，CS)、空中交通管理(ATM)等子系统，DAA 系统支持地面监视、导航系统、GPS 以及通信系统。

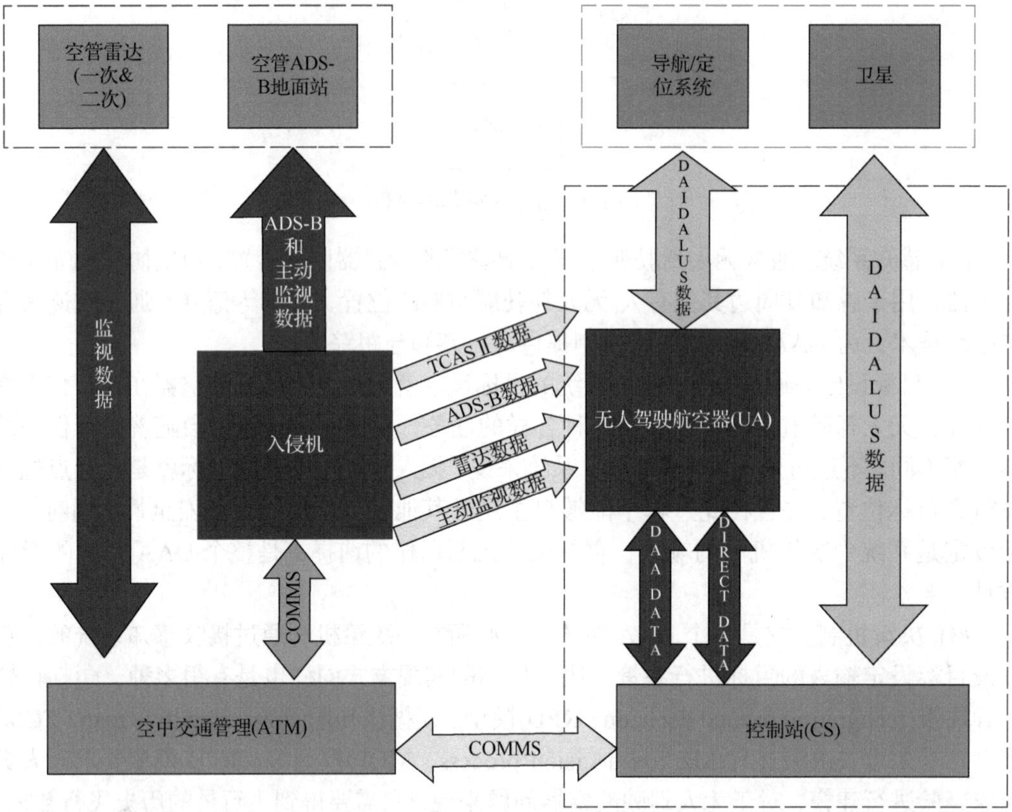

图 1-5 DAA 系统的整体架构

DAA 系统的设备包括硬件、软件、固件、处理器、显示器和控制器，这些设备联合起来可以执行 DAA 预期的功能。设备主要分布在 UA 和 CS 这两个不同的区域。CS 的作用是让 PIC 可以指挥无人驾驶航空器进行机动，使得无人驾驶航空器可以安全高效地通过空域。

1.3.1 机载 DAA 设备架构

由于 DAA 设备主要分布在 UA 和 CS 上，UA 上的 DAA 设备主要由四个部分构成，如图 1-6 所示，包括一组监视源、一个 DAA 处理器模块、无人驾驶航空器系统、C2 数据链路。

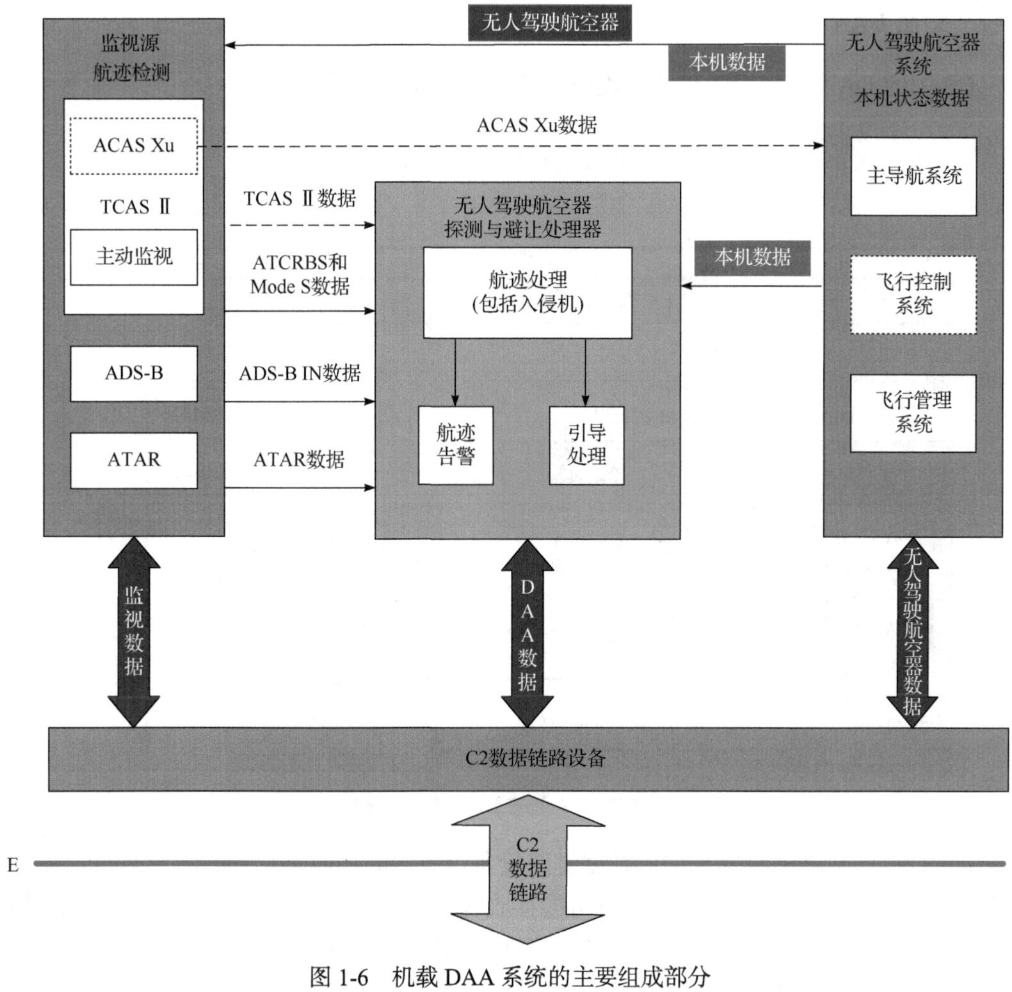

图 1-6 机载 DAA 系统的主要组成部分

(1) 监视源。监视源使用三种传感器来探测交通，包括机载主动监视、ADS-B 和机载空空雷达 ATAR。这三种监视类型可探测的交通飞机种类最多，包括非合作式飞机、配备雷达信标系统的飞机、配备 ADS-B 的飞机、配备 S 模式应答机的飞机以及配备 TCAS Ⅱ的飞机。

(2) DAA 处理器模块。UA 上的 DAA 处理器接收来自监视源的数据和来自无人驾驶航空器系统的各种与本机相关的数据。DAA 处理器可以让监视数据提供航迹，它还可以根据警报算法来为经过处理的航迹提供威胁等级并排序。最后 DAA 处理器可以提供决策处理的功能。在一些系统中，也会要求 CS 上的 DAA 处理器具有警报和决策处理的功能。

(3) 无人驾驶航空器系统。无人驾驶航空器系统向 DAA 处理器提供本机状态数据，这些数据可能来自导航系统和飞行管理系统。在获得 CS 给出的模式控制信息后，它也会向 UA DAA 处理器发送该信息。

(4) C2 数据链路。将 DAA 数据和其他必要信息发送到 CS，以便于 PIC 进行操作。机载 C2 数据链路设备也可接收来自 CS 的数据包和来自 UA PIC 输入的 DAA 模式和机动。

1.3.2 地面 DAA 设备架构

CS 中的 DAA 系统由六组主要设备组成，如图 1-7 所示。

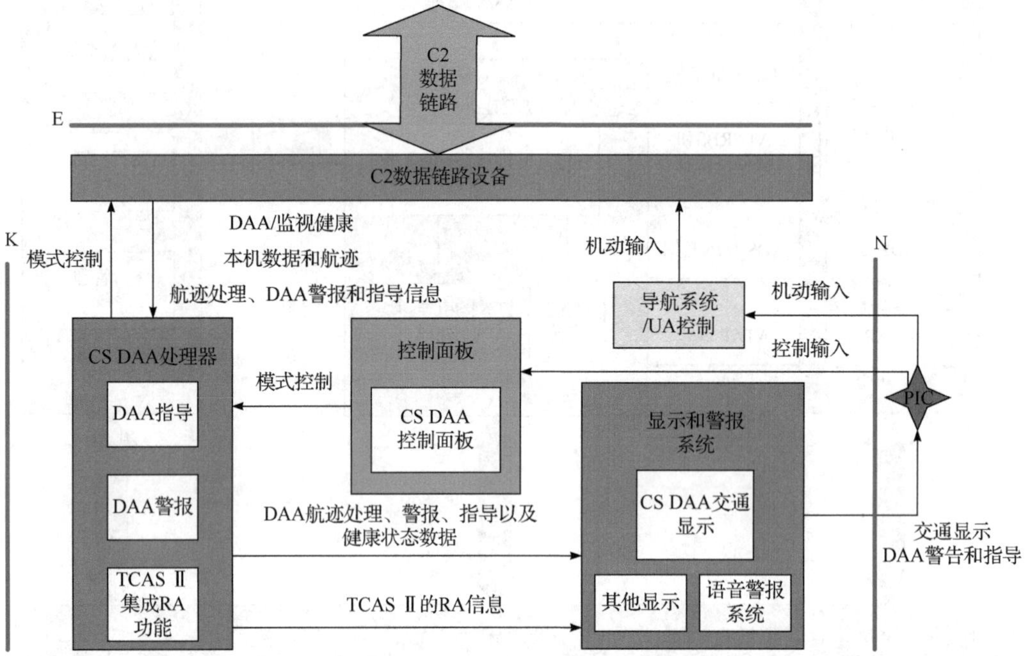

图 1-7 CS 上的 DAA 系统架构

(1) CS C2 数据链路。CS 中的数据链路设备可以同时接收来自 UA 的 DAA 处理器数据和监控数据。根据设计要求，它也可能接收决策处理数据。该设备还能同时向机载数据链路设备发送 UA 机动命令数据、模式控制数据和状态数据包。

(2) CS DAA 处理器。CS DAA 处理器接收来自数据链路的数据，并对数据进行处理，类似于 UA 上的 DAA 处理器。它将 DAA 数据发送到必要的设备，以支持在 CS 中的 DAA 引导功能和警报功能。

(3) CS DAA 控制面板。CS DAA 控制面板为 UAS PIC 提供了一个接口来控制 DAA 系统的不同模式或功能。

(4) 显示和警报系统。显示和警报系统包括 CS DAA 交通显示、其他显示和语音警报系统，PIC 通过这些显示的信息采取要维持净空区域(DAA well clear，DWC)所必需的机动。

(5) PIC。UAS PIC 是控制无人驾驶航空器系统的人员，他们根据 ATC、UA 控制设备和 DAA 设备提供的信息进行操作。

(6) 导航系统/UA 控制。该子系统可以控制飞机进行机动操作，可能的机动包括速度、倾斜度、高度和方向的改变。

小　结

本章对感知与避让技术进行了详细的概述，涵盖了多个关键主题。首先，介绍了感知与避让的基本原理，这是理解整个领域的基础；然后，深入探讨了感知与避让技术的研究现状，包括机载感知技术、目标跟踪技术和避让决策技术；最后，对 DAA 系统进行了全面的概述，包括机载 DAA 设备架构和地面 DAA 设备架构。

习　题

1-1 简述无人驾驶航空器的“感知与避让”需要包括的几种基本能力。

1-2 简述无人驾驶航空器感知与避让的完整过程。

1-3 简述无人驾驶航空器系统的感知与避让技术难点。

1-4 简述 DAA 系统的子系统和设备组成。

1-5 简述无人驾驶航空器的 DAA 设备的组成。

1-6 简述地面站的 DAA 设备的组成。

第 2 章　无人驾驶航空器感知技术

随着无人驾驶航空器技术的迅猛发展，行业与应用场景对其感知技术的要求也变得越来越高。本章将深入研究无人驾驶航空器感知技术，这些技术在确保飞行器的空中安全性和协同运行方面发挥着至关重要的作用；从传统的监视技术到最新的非合作感知技术，探讨各种感知技术的原理、应用和未来趋势。

本章介绍感知技术的背景和重要性。无人驾驶航空器的快速增长使其在低空领域的管理变得复杂，需要可靠的感知技术来监测和识别无人驾驶航空器的位置和行为。首先讨论 ADS-B 监视感知技术，该技术通过航空器自动广播自身身份、状态信息(如位置、速度、高度等)，实现有人/无人驾驶航空器之间关键位置信息共享。随后，深入研究 1090ES 链路，涵盖信号调制和解调技术以及报文编码和解码技术。这些技术对于确保无人驾驶航空器之间和与有人驾驶航空器的有效通信至关重要。另外，UAT 链路也将在本章中得到探讨，特别关注数据链信号的调制与解调以及数据链报文的编码与解码。不仅如此，机载防撞系统(airborne collision avoidance system，ACAS)也将成为本章关注的焦点。无人驾驶航空器 ACAS Xu 的基本原理、组成和空–空通信，这些技术对于避免空中碰撞和提高飞行器的安全性至关重要。最后，介绍非合作感知技术，包括毫米波雷达和激光雷达。这些技术能够帮助无人驾驶航空器感知并避让未配备 ADS-B 或 ACAS 设备的飞行器，从而增强了无人驾驶航空器的感知能力。

通过深入了解无人驾驶航空器感知技术，读者可以更好地了解如何确保无人驾驶航空器的空中安全，并为无人驾驶航空器领域的未来发展提供关键意见。

2.1　ADS-B 监视感知技术

早期对飞机的监视，高交通密度区靠雷达，低交通密度区以至边远或海洋只能靠驾驶员利用高频(HF)无线电台发送电报或语音报告飞机位置，由于缺乏可靠的通信手段，这种方式非常不可靠，因此除雷达监视以外，缺乏其他监视手段。

雷达监视是地面独立的对空监视，从一次监视雷达发展到二次监视雷达，从 A/C 模式发展到现在的 S 模式，已成为国际上普遍采用的技术。为了弥补远程边缘海洋监视之需，未来航行系统(Future Air Navigation System，FANS)委员会认为采用可靠空/地通信(如卫星通信)自动周期性地用数字式数据报告飞机位置，虽是非独立监视，但仍然是有效的监视技术，为此推荐了自动相关监视(automatic dependent surveillance，ADS)技术。

国际民航组织(International Civil Aviation Organization，ICAO)定义 ADS 技术为一种监视技术，由飞机将机上导航定位系统导出的数据通过数据链自动发送，这些数据至少包括飞机识别码、位置、状态和所需附加数据。ADS 技术是基于卫星定位和地/空数据链通信的航空器运行监视技术，是在无法进行雷达监视的情况下，为越洋飞行的航空器利用卫星实施监视所提出的解决方案。我国在沿青藏高原飞行的欧亚航路上建立的 L888 航路即采用了 ADS 的监视方式。

ADS 是建立在地对空监视基础上的，20 世纪 80 年代后期发展的空中防撞系统(TCAS)是建立在空对空监视基础上的，用于机场场面活动监视的是地对地监视。随着技术的发展，开始将这三种技术结合成一体，使活动着的飞机(包括车辆)自发地广播自身位置报告，本机收到邻近飞机位置报告后进行空对空相互监视，地面管制部门接收场面飞机和车辆的位置报告，能起到场面监视的作用。通过几年的试验，ICAO 的 ADS 专家组认可并称该技术为广播式自动相关监视。

1. ADS-B 的定义

ADS-B 是 ADS 技术的一种，是在 ADS、TCAS 和场面监视的基础上，综合三者的特点提出的一种监视技术，作为未来主要的航空监视手段之一，已成为国际民航组织(ICAO)新航行系统方案中的一个重要组成部分，其原理如图 2-1 所示。ADS-B 技术通过机载导航系统和气压高度计等得到飞机精确的位置和速度信息，通过机载的电子设备自动广播飞机的呼号、位置、高度、速度和其他一些参数，其他的飞机、地面站、网关都可以通过数据链接收此数据，并用于各种用途，如驾驶舱交通信息显示(cockpit display of traffic information，CDTI)、广播式交通信息服务(traffic information service-broadcast，TIS-B)等。

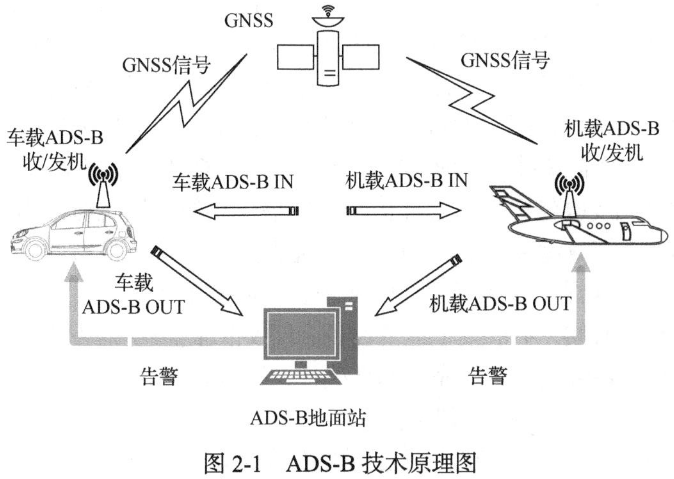

图 2-1　ADS-B 技术原理图

ADS-B 的实现是监视技术的一次飞跃，更是空管领域的一场深刻革命，在获得充足的监视信息的基础上，各飞行单元即可自主地实施航路选择、间隔保障、冲突发现与避免，而无须地面空管部门的介入。可见，ADS-B 技术的实施是实现空域管理由集中式向分布式过渡的必要支持，更是未来自由飞行理念实现的重要保证。

ADS-B 具有的特性，可体现为 A(automatic)、D(dependent)及 B(broadcasting)。其中，A 表明飞机各项信息的对外广播是由相关设备自动完成的，而不需要飞行人员的介入；D

表明实现飞机之间以及地面空管机构对空域状况的感知，需要所有飞机均参与到对各自信息的广播中，同时所发送的信息均依靠机载设备所提供的数据；B 表明飞机所发送信息不仅仅是点对点地传送到空管监视部门，而要对外广播，使所有通信空域内的单位均能收到。

按照飞机/车辆广播信息传递方向划分，ADS-B 技术可划分为发送(ADS-B OUT)和接收(ADS-B IN)两类。ADS-B OUT 是指 ADS-B 机/车载发射机能周期性地对外广播本机的位置、飞机/车辆识别、速度、高度、航向等丰富的 ADS-B 监视信息。ADS-B IN 是指飞机/车辆接收来自其本机周围其他飞机/车辆的 ADS-B OUT 信息以及 ADS-B 地面站设备广播的交通态势信息。

2. ADS-B 技术现状

ADS-B 是目前最新的一种监视技术，其覆盖范围之大和接收信息之广是二次雷达所不可比的，通过对 ADS-B 系统的研究发现，它可以应用在地面雷达设备覆盖不到的荒漠地区、无人值守区域以及偏远海洋区域，为飞机提供比较精确的航行服务信息，并且对目前使用的间隔标准提出了更高的要求；在有雷达覆盖的繁忙区域，可以提高航路和终端区的空域飞行流量；同时，有了 ADS-B 技术，还可以在管制区域实现飞行动态的监视，不但可以监视空中和地面上的飞机，而且还可以监视地面上运动的车辆，用以改进当前的飞行流量。应用 ADS-B 上行/下行报文的传送，可以为飞行中的飞机提供其需要的各种服务，这一技术在空管上的应用，将会对空中监视起到很大的推进作用。

ADS-B 技术在实施空–地监视时，还可以进行空–空监视，即飞机之间的相互监视。与 TCAS 相比，因为 ADS-B 的报告利用数据链进行广播，所以飞机之间不需要发射询问信号就可以直接接收并且处理飞机之间的飞行信息，因此可以有效提高飞机之间的避撞性能，以达到缩小飞机飞行间隔的目的。在这种情况下，实时广播以及实时监控是实现飞机“自由飞行”的必备条件。目前的管制条件下，飞机都是按照地基导航系统飞行的，也就是按照无数个无线电信标、雷达和信号发射塔建立的航线飞行。由于地形复杂，某些地方不适合建立上述这些系统，所以飞机不能选用最直接、最短的航路，而是经常要绕飞到同一航线上，这样就造成了航线的拥挤、空域利用率低。自由飞行就是飞机在自动化发展比较高级的时候，不依赖于地基设备，仅仅依靠空-空监视来告知飞行员如何选择航路飞行，同时还要保证信息的完整和准确性。目前 ADS-B 技术已具备支持自由飞行的基础能力，尤其在空-空监视和实时信息共享方面。

ADS-B 技术还可以监视机场地面上运动的汽车和滑行的飞机，可以以较低的成本实现飞机对场面的监视。虽然国内各个机场都装有场面监视雷达，但是由于场面监视雷达本身设计的缺陷，很难覆盖到机场的各个角落。应用了 ADS-B 技术以后，再加上场面监视雷达的配合，就完全可以监视机场的各个角落，实现飞机对机场地面运动车辆和飞机的更准确监视和管理。

3. ADS-B 可传送信息的类型

具有 ADS-B 功能的飞机可以对外广播各类所需的监视信息，分为以下几类。

(1) 标志号(ID)。ADS-B 所传递的基本标志信息包括以下三种：

① 呼号(CALL SIGN)，由 7 个字母数字组成，对于不接受空中交通服务(air traffic service，ATS)的飞机或车辆以及军用飞机，不需要此类信息。

② 地址(ADDRESS)，用以唯一标志飞机的 24 位地址。

③ 类型(CATEGORY)，由国际民航组织定义的描述航空器类别的标志，如轻型机、中型机及滑翔机等。

(2) 状态矢量。移动目标的状态矢量包括在全球统一参考系统下的三维位置和速度等信息，包括以下元素：

① 三维位置，在传输数据的格式上要求不损失精度、完好性；几何位置元素使用 1984 年世界大地测量系统 WGS-84 (world geodetic system 1984)坐标系。

② 三维速度，包括水平速度矢量和垂直速度，几何速度信息使用 WGS-84 坐标系。

③ 飞机转向标示，左转、右转、直飞。

④ 导航不确定度分类(navigation uncertain category，NUC)，根据 ADS-B 发送系统的 NUC 数据集进行划分，包括位置不确定度 NUC_P 和速度不确定度 NUC_R。

(3) 状态和意图信息。其主要用于支持 ATS 和空–空应用，包括：

① 紧急/优先(emergency/priority)状态，用于标志紧急或优先级状态的相关信息，如非法侵入告警、油量供应不足等。

② 当前意图(current intent)信息，当前需要发布的飞机意图状态，包括目标高度、所期望的航迹等。

③ 航路改变意图(trajectory change point，TCP)信息，提供航路发生改变的相关意图信息，如当前航路改变意图信息(TCP)、未来航路改变意图信息(TCP+1)。

(4) 分类号。其用于标志参与者支持特定服务类别的能力，如基于 CDTI 的交通显示能力、冲突避免、精密进近等。

(5) 其他种类信息。ADS-B 技术能够传送实施监视一方所需要的任何信息，随着技术的发展和各种新应用的引入，将需要更多种类的监视信息，ADS-B 技术将通过相应软硬件配置实现对任何所需信息的广播。

4. ADS-B 支持的应用

ADS-B 可以支持不同高度层的飞行，应当慎重考虑其应用，确保从现有地基雷达监视和空中交通服务向飞机驾驶员逐步分担飞行计划执行和间隔保证的顺利过渡，机载 ADS-B 的应用主要包括如下三个方面。

(1) 空–空监视。其改善飞机避撞能力，提供驾驶舱交通信息显示(CDTI)。

CDTI 功能能显示相对于飞机自身位置的其他飞机的监视报告，结合存储在航空数据库中关于地形空域结构、障碍、详细机场地图以及与飞机效率、安全有关的其他静态信息，提供集成化的交通信息、气象信息及其他能够提高机组交通态势警觉的信息，同时也提供了先进的 ATM 服务。

(2) 地–空监视。它包括航路、终端区、精密跑道监控(precision runway monitoring，PRM)。目前，低空监视主要靠一次和二次雷达。美国国家空域系统(national airspace system，

NAS)中，在航路和终端区，ADS-B 将成为雷达监视的有力补充。精密跑道监视能使飞机在仪表气象条件下独立进入平行跑道时，跑道的间隔最小，以当前可用的最精密的导航资源为基础的 ADS-B 将使 RPM 更精确。

(3) 地–地监视。即场面监视，包括监视跑道、滑行道，防止地面相撞。

通过ADS-B能监视机场表面的交通形势，这对提高管制员的管制能力有重要的作用，特别是在能见度极低的情况下，管制员指挥交通的能力可以得到极大改善。

5. ADS-B 报告

ADS-B 参与者采用不同的信息交换技术支持不同的应用，因此，ADS-B 报告应当独立于应用和数据链路技术，也就是应独立于特定的消息格式和网络协议，这样就可以使不同的 ADS-B 数据链路技术的应用具有互操作能力。ADS-B 报告是从接收到的 ADS-B 消息中汇总的，其消息格式根据实施 ADS-B 的链路技术而不同，在有些 ADS-B 数据链路技术中，信息可以作为一条消息传输，而在有些系统中则需要多条消息来传输，再接收汇总成 ADS-B 报告。针对 ADS-B 所传输的可监视信息类型的不同，可将 ADS-B 报告分为三类，它们提供符合支持运行所需信息的传输以及性能需求的灵活性。这三种类型报告描述如下。

1) 状态矢量(state vector，SV)报告

每一个广播的 SV 报告均包括唯一的发送方地址、经纬度、高度、水平速度(北向、东向)、水平/垂直不确定度，所有这些数据的参考坐标都用 WGS-84 坐标系。其他状态矢量包括气压高度、纵向速度、地面轨迹和空速，将提供备份监视能力，以防止几何信息受到干扰或者由于导航能力本身的限制对监视造成影响。见表 2-1，对于使用分段 SV 数据信息的系统，当报告更新时，系统将对接收的消息中没有更新的关键状态矢量进行估计或者在接收新数据时更新。

表 2-1　SV 报告信息类型

元素	内容	元素	内容
1	ICAO 地址	10	NUC_R-速度补偿
2	纬度(WGS-84)	11	高度，气压
3	经度(WGS-84)	12	气压高速度
4	高度，几何(WGS-84)	13	空速
5	NUC_P-位置补偿	14	地速，地面轨迹
6	有效几何位置(水平/垂直)	15	转向指示
7	北向速度(WGS-84)	16	适用的时间–关键数据
8	东向速度(WGS-84)	17	报告类型(获得，跟踪，默认)
9	垂直速度，几何(WGS-84)		

2) 模式状态(mode state, MS)报告

MS 报告所传送的信息类型见表 2-2，其要求的更新率比 SV 报告的要低，报告发送方所应发送的数据类型将根据每个参与者的设备级别而不同。相对于本地系统的适用时间将随着每个报告的更新而更新。在收到或表示没有数据(在之前 10s 内没收任何数据)时，此报告中所有的元素将被更新。

表 2-2　MS 报告信息类型

元素	内容	元素	内容
1	ICAO 地址	8	TCP 经度
2	呼号(不超过 8 个字母或数字)	9	TCP 高度(气压高度/高度层)
3	参与级别	10	需要的时间
4	监视支持码(普通/默认)	11	运行模式-详细数据
5	紧急/优先状态	12	飞行模式-详细数据
6	分类码	13	适用的时间
7	TCP 纬度		

3) 条件(OC)报告

OC 报告是为了支持将来的能力而提供的。当飞行器在特定的环境下飞行时，将广播这种报告。TCP+1 是下一个路径转弯点，当飞行器飞过 TCP 时，TCP+1 就成为新的 TCP，而此数据只有在支持区域导航系统中才能被提供，其所传送信息类型见表 2-3。

表 2-3　OC 报告信息类型

元素	内容	元素	内容
1	ICAO 地址	4	TCP+1 高度(气压/高度层)
2	TCP+1(纬度)	5	需要的时间
3	TCP+1(经度)	6	适用的时间

6. 几种 ADS-B 链路的对比

支持 ADS-B 的数据链应具备信道容量大、传输速率快且具有广播模式功能等特点，目前，有 3 种数据链可满足 ADS-B 对数据通信的要求，即二次监视雷达(secondary surveillance radar, SSR)S 模式超长电文(1090MHz extended squitter, 1090ES)、通用访问收发机(universal access transceiver，UAT)数据链和甚高频数据链(very high frequency digital link，VDL)模式 4。VDL 模式 4 能提供点对点及广播式通信服务的地-空、地-地数据链，采用两个独立的 25kHz 信道，在高密度区域还可以使用一个附加信道。接入方式为自组织时分多址(self-organizing time division multiple access，STDMA)，这种复用方式可以显著减小带宽要求，数据传输率为 19.2Kbit/s。

从技术层面上而言，三种数据链均可实现对 ADS-B 的支持；使用 UAT 的空对空 ADS-B 的性能在高密度和低密度情况下总体优于其他两种数据链；由于甚高频良好的传播特性，VDL 模式 4 的机场地面监视性能更优异。

1090ES 的性能虽然并不优于其他两种数据链，但是同样可满足 ADS-B 初期的要求；与此同时，在其他非技术要素的对比中，它还具有以下优势：

(1) 它是唯一实现标准化的 ICAO 链路技术；

(2) 目前只有该项技术获得了批准的全球无线电频谱；

(3) 可供使用并且技术已经成熟；

(4) 实施计划已启动，再投入资金额度相对较少。

因而，选择 1090ES 支持短期内 ADS-B 应用是最佳方案。

但从长期来看，目前的 1090ES 无法满足未来 ADS-B 的应用要求，因此未来可能会引入 ADS-B 补充链，或者由容量更高的数据链替代。在替代数据链的选择上，应尽量考虑已制定或正在制定标准的数据链，也要关注未来会出现的新的数据链技术(UAT2)。

2.2　1090ES 链路

2.2.1　信号调制与解调技术

1090ES 是 S 模式二次监视雷达技术的一种扩展，每一信息元包含 120bit 数据，其中前 8bit 为报头，具有标志信息和同步的作用，其信息元结构如图 2-2 所示。采用随机方式接入 1090MHz 链路，信道由 ADS-B 报文、对来自地面雷达询问的回答及 ACAS 共享，数据传输率为 1Mbit/s。

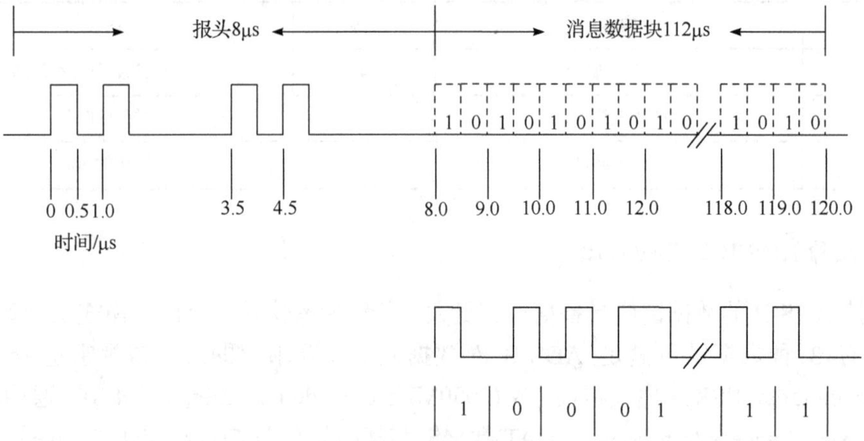

图 2-2　1090ES 信息元结构

1. PPM 基带信号处理

ADS-B 消息数据块格式采用脉冲位置调制(pulse position modulation，PPM)编码。PPM

是高度为 1、宽度等于 T_s 的矩形脉冲；a_n 是第 n 个符号的电平取值。若取

$$a_n=\begin{cases}1, & 概率为P\\0, & 概率为1-P\end{cases} \tag{2-4}$$

J 2ASK 信号就是 OOK 信号。

K/OOK 信号的产生方法通常有两种：模拟调制法(相乘器法)和键控法。相应的 1图 2-4 所示。图(a)就是一般的模拟幅度调制的方法，用乘法器(multiplier)实现；-种数字键控法，其中的开关电路受 $s(t)$ 控制。

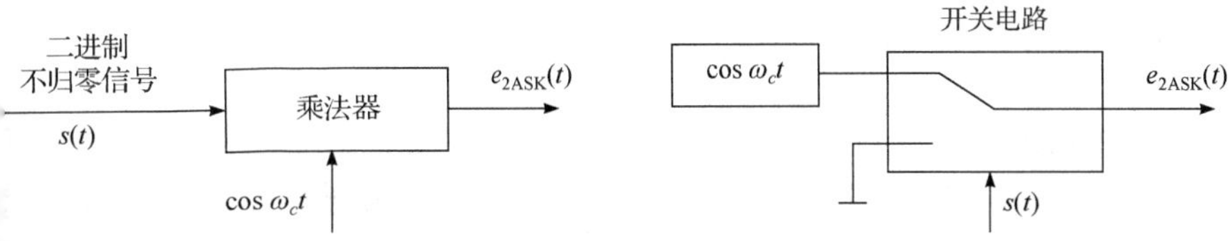

(a) 模拟相乘法　　(b) 数字键控法

图 2-4　2ASK/OOK 信号调制器原理框图

]幅信号的解调方法一样。2ASK/OOK 信号也有两种基本的解调方法：非相干 rent)解调(包络检波法)和相干(coherent)解调(同步检测法)。相应的接收系统组成 1图 2-5 所示。与模拟信号的接收系统相比，这里增加了一个“抽样判决器”方 寸于提高数字信号的接收性能是必要的。

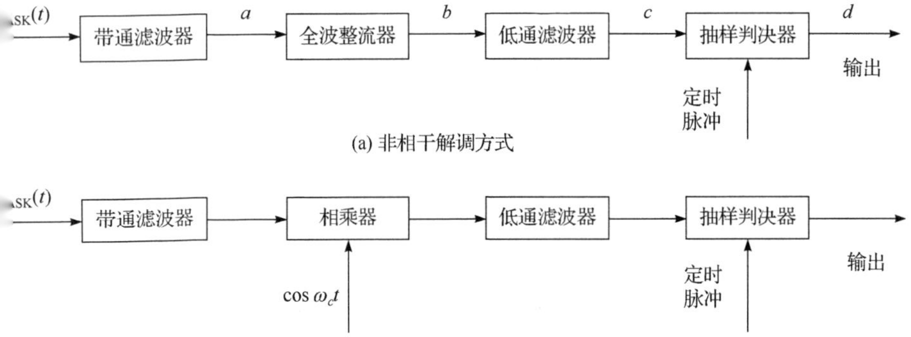

(a) 非相干解调方式

(b) 相干解调方式

图 2-5　2ASK/OOK 信号的接收系统组成方框图

-6 给出了 2ASK/OOK 信号非相干解调过程的时间波形。

K 是 20 世纪初最早运用于无线电报中的数字调制方式之一。但是，ASK 传输技 影响很大。噪声电压和信号一起改变了振幅。在这种情况下，“0”可能变为“1”，变为“0”。可以想象，对于主要依赖振幅来识别比特的 ASK 调制方法，噪声是 的问题。ASK 是受噪声影响最大的调制技术，现已较少应用。

编码是一种用电平跳变来表示 1 或 0 的编码，其变化规则
位的电平信号表示，也就是一个周期的方波，但 0 码和 1
系为：0 编码为 01、1 编码为 10。PPM 编码是一种自动同
号就隐藏在数据波形中。在 PPM 编码中，每一位的中间有
时钟信号，又作为数据信号；从高到低跳变表示“1”，从
码是将时钟和数据包含在数据流中，在传输代码信息的同
输到对方，每位编码中有一跳变，不存在直流分量，因此
扰性能。因为每一个码元都被调成两个电平，所以数据传

2. 2ASK 射频信号处理

二进制振幅键控(binary amplitude shift keying，2ASK)
数字信息，而其频率和初始相位保持不变。在 2ASK 中，
分别对应二进制信息“0”或“1”。一种常用的也是最简
通-断键控(on off keying，OOK)，其表达式为

$$e_{\mathrm{OOK}}(t)=\begin{cases}A\cos\omega_c t, & \text{以概率}P\text{发送“1}\\ 0, & \text{以概率}1-P\text{发}\end{cases}$$

典型波形如图 2-3 所示。可见，载波在二进制基带信
这种键控又称为通-断键控。在 OOK 中，某一种符号(“0”

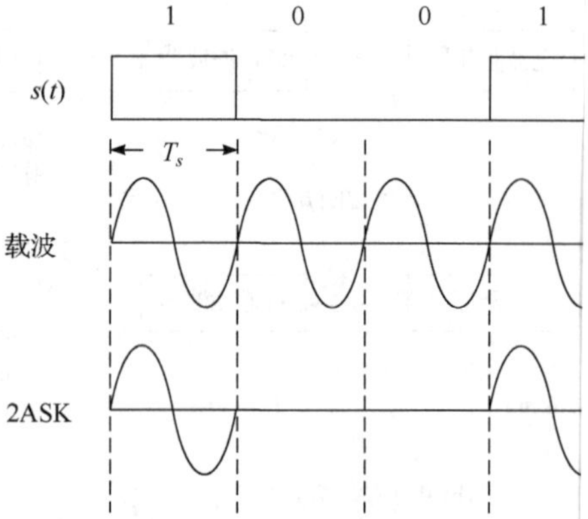

图 2-3　ASK/OOK 信号时间波形

2ASK 信号的一般表达式为

$$e_{2\mathrm{ASK}}(t)=s(t)\cos\omega_c t$$

其中

$$s(t)=\sum_n a_n g(t-nT_s)$$

式中，T_s 为码元持续时间；$g(t)$ 为持续时间为 T_s 的基带

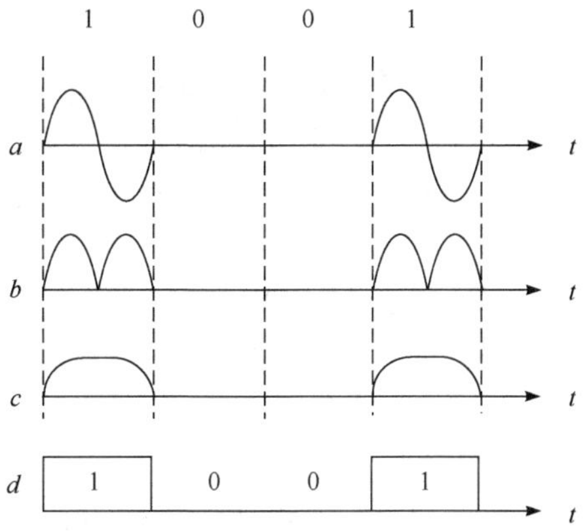

图 2-6　2ASK/OOK 信号非相干解调过程的时间波形

2.2.2　报文编码与解码技术

1. ADS-B 消息格式

1）基本结构

ADS-B 消息包括 4 个前导脉冲和 112bit 消息序列。表 2-4 为 ADS-B 消息的基本结构。bit1～bit5 为 DF 域；bit6～bit8：当 DF=17 时，为 CA 域；当 DF=18 时，为 CF 域；当 DF=19 时，为 AF 域。bit9～bit32 总共 24 个比特位为地址域，bit33～bit88 总共 56 个比特位为 ADS-B 消息域 ME；bit89～bit112 为校验域 PI。

表 2-4　ADS-B 消息基本结构

bit	1~5	6～8	9～32	33～88	89～112
DF17 的字段分配	DF=17	CA	AA(地址域)	ME(ADS-B 消息域)	PI
DF18 的字段分配	DF=18	CF=0	AA(ICAO)	ME(ADS-B 消息域)	PI
		CF=1	AA(非 ICAO)		PI
		CF=2	AA(ICAO)	ME(TIS-B 消息域)	PI
		CF=3			
		CF=4	保留为 TIS-B 管理消息		PI
		CF=5	AA(非 ICAO)	ME(TIS-B 消息域)	PI
		CF=6	预留		PI
		CF=7			
DF19 的字段分配	DF=19	AF=0	AA(ICAO)	ME(ADS-B 消息域)	PI
		AF=1 到 AF=7	预留(军事)		
最高位～最低位	MSB～LSB	MSB～LSB	MSB～LSB	MSB～LSB	MSB～LSB

DF=17 格式用于具有 S 模式应答功能的 ADS-B 消息。若 DF=17，则 CA 字段表征 S 模式应答机的能力；AA 字段为应答机 24bit ICAO 地址域；ME 为 ADS-B 消息域；PI 字

段为奇偶校验位。

DF=18 格式用于不具有 S 模式应答功能的 ADS-B 消息。若 DF=18，则 CF 字段表明 ME 字段是含有 ADS-B 消息的。对于 DF=18 传输格式，当 CF=0 或 1 时，此传输格式传输的是 ADS-B 消息；此外，对于 DF=18 传输格式，CF 字段也明确了 AA 字段所包含的地址类型。

ADS-B 消息使用的传输格式为 DF=17、DF=18 且 CF=0 或 1、DF=19 且 AF=0。

DF=19 格式预留为军事应用，非军事应用的 ADS-B 系统不应使用此格式。

2) 各字段域描述

(1) DF 字段——下行链路格式域。

根据美国航空无线电委员会(Radio Technical Commission for Aeronautics，RTCA)标准 DO-260B，前导脉冲的前五个消息比特为 DF 字段，该字段是可进行编码的传输描述符。基于 1090ES 的 ADS-B 发射机，DF 应设置为 17，非 S 模式应答机发射设备发射的全部 ADS-B 消息，DF 设置为 18，军事应用为 19。

(2) CA 字段——发射机能力域(DF17)。

CA 字段用于报告基于 1090MHz ES 的 ADS-B 发射机能力指示，表示是否有 Comm-A 或者 Comm-B 通信能力。

(3) CF 字段(DF18)。

DF=18 消息的 CF 字段用于非 S 模式应答机的 ADS-B 传输设备。

(4) AF 字段(DF19)。

AF 字段用于军事应用系统发射设备所发送的 ADS-B 消息。

(5) AA 字段——地址域。

AA 字段长 24bit，表示发射装置的地址，该地址为全球唯一的 ICAO 地址。

(6) ME 字段——扩展断续振荡消息域。

ME 字段长 56bit，为 1090ES ADS-B 消息体。ME 字段中，前 5bit 为消息类型字段，紧接着的 3bit 为消息子类型，剩余 48bit 为消息具体内容。ME 字段结构如表 2-5 所示。

表 2-5　ADS-B 消息 ME 字段域含义

<table>
<tr><th>TYPE
ME bit1～bit5</th><th>SUBTYPE
ME bit6～bit8</th><th>消息类型</th><th>TYPE
ME bit1～bit5</th><th>SUBTYPE
ME bit6～bit8</th><th>消息类型</th></tr>
<tr><td rowspan="2">0</td><td rowspan="2">无</td><td rowspan="2">空中位置或地表位置</td><td>9～18</td><td>无</td><td>空中位置</td></tr>
<tr><td rowspan="3">19</td><td>0</td><td>保留</td></tr>
<tr><td>1～4</td><td>无</td><td>飞机 ID 和类型</td><td>1～4</td><td>空中速度</td></tr>
<tr><td rowspan="2">5～8</td><td rowspan="2">无</td><td rowspan="2">地表位置</td><td>5～7</td><td>保留</td></tr>
<tr><td>20～22</td><td>无</td><td>空中位置</td></tr>
</table>

续表

TYPE ME bit1～bit5	SUBTYPE ME bit6～bit8	消息类型	TYPE ME bit1～bit5	SUBTYPE ME bit6～bit8	消息类型
23	0	测试信息	28	0	保留
	1～6	保留		1	扩展断续振荡飞机状态
	7	测试信息			
24	无	地表系统状态	29	0	目标状态和状况
				1～3	保留
25～26	无	保留	30	0～7	保留
27	无	轨迹改变	31	0～1	飞机运行状态
				2～7	保留

(7) PI 字段——校验/识别域。

PI 字段长 24bit，为除开 DF 字段以外其余字段的 CRC 校验位。

2. 空中位置信息

空中位置信息包括编码后的经纬度和高度信息，由于是实时(误差最大为 200ms)的位置信息，所以需要发送时的时间信息才能有效确定目标位置。

空中位置信息的 TYPE 字段值只能是 0、9～18、20～22。SUBTYPE CODE 用于指示监视状态、飞机的告警信息，同时子类型字段还联合飞机运行状况报告中附加导航完整度类别(navigation integrity category, NIC)字段，完成 NIC 编码，用于指示导航精度。bit9～bit20 用以区别是否有高度信息，高度信息是来自全球导航卫星系统(global navigation satellite system，GNSS)的几何高度信息，也是气压高度信息。空中位置信息 ME 字段域含义如表 2-6 所示。

表 2-6　空中位置信息 ME 字段域含义

空中位置信息 ME 字段域								
ME 中比特位置	1～5	6～7	8	9～20	21	22	23～39	40～56
名称	TYPE	监视状态	是否单天线	高度	时间指示(T)	CPR 编码格式(F)	编码纬度	编码经度

高度编码格式如下：高度字段总长 12bit，在 ME 字段域中为 bit9～bit20，bit16 为单位指示比特 Q，当 $Q = 0$ 时，编码单位为 100ft(1ft = 0.3048m)，bit9～bit15，bit17～bit20 依次对应 ModeA/C 的 Cl、A1、C2、A2、C4、A4、B1、B2、D2、B4、D4。$Q = \mathrm{I}$，编码单位为 25ft，此时采用二进制编码，MSB 为 bit9，故编码范围为−1000～50175ft。

时间 T 位于 ME 字段的 bit21，表示空中位置信息中水平位置数据是否同步于 0.2sUTC 时间点，T=1 表示同步，T=0 表示不同步。

紧凑式位置报告(compact position reporting，CPR)格式 F 字段位于 ME 字段 bit22，该字段用于指出紧凑式位置报告(CPR)格式编码的飞机经纬度信息是“偶”编码还是“奇”编码，详细算法参考后文。F=1 时，表示“奇”编码；F=0 时，表示“偶”编码。

示例：CPR 算法将经纬度信息编码为奇格式编码信息和偶格式编码信息，接收机如果在短时间内可以接收到上述两种编码信息，通过 CPR 算法解码，就可以计算出飞行器的精确位置。当 DF=17，类型 TC=9～18 时，数据帧所包含的信息为位置信息。以下为接收到的真实的 ADS-B 数据，数据 1：8D40621D58C382D690C8AC2863A7，数据 2：8D40621D58C386435CC412692AD6。将其 ME 字段数据转为二进制后按结构划分，如表 2-7 所示。

表 2-7　空中位置信息 ME 字段域对应数据

序号	类型(TC)	子类型(ST)	高度(ALT)	时间(T)	CPR 编码格式(F)	纬度(LAT-CPR)	经度(LON-CPR)
1	01011	000	110000111000	0	0	10110101101001000	01100100010101100
2	01011	000	110000111000	0	1	10010000110101110	01100010000010010

其中，bit53(T 位置)代表时间标记；bit54(F 位置)为 0 时，代表偶格式编码；bit54 为 1 时，代表奇格式编码。bit55~bit71 代表 CPR 纬度，bit72～bit88 代表 CPR 经度。解码算法如下。

(1) 将奇格式编码和偶格式编码的 CPR 纬度和 CPR 经度数据归一化处理，2^{17}=131072。

偶格式编码纬度：$\text{Lat}_{\text{CPR\_E}} = 93000 / 131072 = 0.7095$。

偶格式编码经度：$\text{Lon}_{\text{CPR\_E}} = 51372 / 131072 = 0.3919$。

奇格式编码纬度：$\text{Lat}_{\text{CPR\_O}} = 74158 / 131072 = 0.5658$。

奇格式编码经度：$\text{Lon}_{\text{CPR\_O}} = 50194 / 131072 = 0.3829$。

(2) 计算纬度区域索引值 j。

$$j = \text{floor}(59\text{Lat}_{\text{CPR\_E}} - 60\text{Lat}_{\text{CPR\_O}} + 0.5) \tag{2-5}$$

函数 floor()代表取整，代入上式中数据，得出 $j = 8$。

(3) 计算纬度 Lat。

$$\begin{aligned} &\text{RLat}_{\text{E/O}} = \text{DLat}_{\text{E/O}}\left(\text{Mod}(j,60) + \text{Lat}_{\text{CPR\_E/O}}\right) \\ &\text{Lat}_{\text{E/O}} = \text{RLat}_{\text{E/O}} - 360° \quad \left(\text{RLat}_{\text{E/O}} \geqslant 90°\right) \end{aligned} \tag{2-6}$$

函数 Mod()代表取模。其中，$\text{DLat}_{\text{E}} = 360° / 60$，$\text{DLat}_{\text{O}} = 360°/59$，代入上式中数据，得出 $\text{Lat}_{\text{E}} = 52.2572021484375$，$\text{Lat}_{\text{O}} = 52.26578017412606$。接下来，判断 Lat_{E} 和 Lat_{O} 是否在同一纬度区，即 NL 是否相同，计算公式如下，其中 NZ=15。

$$\text{NL}(\text{Lat}_{\text{E/O}}) = \text{floor}\left(2\pi \middle/ \arccos\left(1 - \frac{1 - \cos(\pi / (2 \cdot \text{NZ}))}{\cos^2(\pi \cdot \text{Lat}_{\text{E/O}} / 180)}\right)\right)$$

若不在同一纬度区，表明飞行器正在跨越纬度区域飞行，数据不可解码，需要等待下一组接收到的数据。计算可知，$\mathrm{Lat_E}$ 和 $\mathrm{Lat_O}$ 在同一纬度区，根据公式：

$$\mathrm{Lat} = \begin{cases} \mathrm{Lat_E}, & T_0 \geqslant T_1 \\ \mathrm{Lat_O}, & \text{其他} \end{cases} \tag{2-7}$$

可求得纬度 $\mathrm{Lat} = \mathrm{Lat_E} = 52.2572021484375$。

(4) 计算经度索引值。

$$m = \begin{cases} \mathrm{floor}\left[\mathrm{Lon_{CPR\_E}}\left(\mathrm{NL}\left(\mathrm{Lat_E}\right)-1\right)-\mathrm{Lon_{CPR\_O}}\cdot\mathrm{NL}\left(\mathrm{Lat_E}\right)+0.5\right], & T_0 \geqslant T_1 \\ \mathrm{floor}\left[\mathrm{Lon_{CPR\_E}}\left(\mathrm{NL}\left(\mathrm{Lat_O}\right)-1\right)-\mathrm{Lon_{CPR\_O}}\cdot\mathrm{NL}\left(\mathrm{Lat_O}\right)+0.5\right], & \text{其他} \end{cases} \tag{2-8}$$

(5) 计算经度。

$$\mathrm{Lon} = \begin{cases} \dfrac{360.0}{ni}\left(\mathrm{Mod}\left(m,ni\right)+\mathrm{Lon_{CPR\_E}}\right), \quad ni=\max(\mathrm{NL}(\mathrm{Lat_E}),1), & T_0 \geqslant T_1 \\ \dfrac{360.0}{ni}\left(\mathrm{Mod}\left(m,ni\right)+\mathrm{Lon_{CPR\_O}}\right), \quad ni=\max(\mathrm{NL}(\mathrm{Lat_O})-1,1), & \text{其他} \end{cases} \tag{2-9}$$

代入数据，获得经度坐标为 $\mathrm{Lon} = 3.91937$。

(6) 计算高度。

高度编码格式如下：高度字段总长 12bit，在 ME 字段域中为 bit9～bit20，bit16 为单位指示 Q，当 $Q=0$ 时，编码单位为 100ft，当 $Q=1$ 时，编码单位为 25ft，编码范围为 −1000～50175ft。不论奇偶数据帧，均包含高度码数据。取出高度编码数据 110000111000，其中，第 8 个比特位为 Q，移除 Q 后，编码数据变为 11000011000，转换为十进制为 N=1560。高度值计算公式为

$$\mathrm{Alt} = N \times 25 - 1000(\mathrm{ft}) \tag{2-10}$$

代入数据可得 Alt = 1560×25 −1000 = 38000 (ft)。通过上述计算，最终获得飞行器位置的三个参数：经度、纬度、高度。Lat = 52.25720，Lon = 3.91937，Alt = 38000ft。

3. 地表位置信息

地表位置信息包括编码后的经纬度信息、飞机/车辆运动状况信息、朝向/地面航迹信息，但是没有高度信息，由于是实时(误差最大为 200ms)的位置信息，所以同样需要发送时的时间信息。

地表位置信息的 TYPE 字段值只能是 5、6、7、8，不同的 TYPE 字段表示不同的导航精度，即半径容限。地表位置信息内容包括飞机/车辆的运动速度和运动朝向，以及飞机/车辆经纬度信息。地表位置信息 ME 字段域含义如表 2-8 所示。

表 2-8　地表位置信息 ME 字段域含义

地表位置信息 ME 字段域								
ME 中比特位置	1～5	6～12	13	14～20	21	22	23～39	40～56
名称	TYPE	运动状态	朝向/地面航迹角指示	朝向/地面航迹角	时间指示	CPR 编码格式	编码纬度	编码经度

运动状态字段总长 7bit，位于 ME 字段的 bit6～bit12。采用非线性编码，即不同的编码范围的编码单位不同，编码值越大，编码单位越大，表示飞机/车辆速度的动态范围变宽。

朝向/地面航迹角指示位子字段位于 ME 字段的 bit13，用于指示 bit14～bit20 朝向/地面航迹角数据是否有效，1 表明有效，0 则表明无效。

朝向/地面航迹位于 ME 字段 bit14～bit20，共 7bit，用以广播飞机/车辆的方位。方位以正北方向为 0°，顺时针方向编码，编码单位为 2.8125°。

时间指示、CPR 编码格式以及编码经纬度和空中位置信息类似。

4. 空中速度信息

ADS-B 空中速度信息格式有两种：一种是航空器能获得自身水平运动速度，此时又用子类型来区别是否是超声速速度报告，子类 1 表示亚声速，子类 2 则表示超声速；另一种是在航空器不能获得自身水平运动速度时，广播的速度报告，同样用子类区分是否超声速飞行，子类 3 表示亚声速，子类 4 表示超声速。两种报告格式分别如表 2-9、表 2-10 所示。

表 2-9　空中速度信息子类 1 和 2ME 字段域含义

空中速度信息 ME 字段域			
位置	名称	位置	名称
1～5	TYPE	26～35	南/北速度
6～8	子类型	36	垂直速度来源
9	意图变更标志	37	垂直速度符号
10	IFR 能力标志	38～46	垂直速度
11～13	NACv	47～48	预留
14	东/西向标志	49	气压高度差标志
15～24	东/西速度	50～56	气压高度差
25	南/北向标志		

表 2-10　空中速度信息子类 3 和 4ME 字段域含义

空中速度信息 ME 字段域			
位置	名称	位置	名称
1～5	TYPE	14	航向状态标志
6～8	子类型	15～24	航向
9	意图变更标志	25	空速类型
10	IFR 能力标志	26～35	空速
11～13	NACv	36	垂直速度来源

续表

空中速度信息 ME 字段域			
位置	名称	位置	名称
37	垂直速度符号	49	气压高度差标志
38～46	垂直速度	50～56	气压高度差
47～48	预留		

意图变更标志：用于指示飞行意图(是否要下降、是否要转弯等)是否改变。“1”表示意图改变。

IFR 能力标志：表明飞机是否有仪表飞行能力，“1”表明飞机装备有“A1”或更高级别的 ADS-B 设备。

速度导航精度类别(navigational accuracy category for velocity, NACv)：导航精度指示，最大值为 4，最小值为 0。NACv=4，导航精度最高，水平速度误差<0.3m/s；NACv=0，导航精度最差，水平速度误差>10m/s。

东/西向标志：表明随后的东/西速度矢量是东向还是西向速度，“0”代表东向。

东/西速度：这 10bit 编码用于报告飞机水平机动速度，当空中速度报告消息子类型为 1，即亚声速时，编码单位为节，“0”表明无可用东/西速度，“1”表明飞机速度为 0kn(1kn=1.852km/h)，“2”表明飞机速度为 1kn，依次类推。

南/北向标志：“0”代表北向。南/北速度含义和东/西类似，不再赘述。

垂直速度来源：指示垂直速度来源，“0”表明垂直速度来源于 GNSS，“1”表明来源于大气压源。

垂直速度符号：指示飞机垂直机动的方向是上还是下，“0”代表向上。

垂直速度：这 9bit 编码用于报告飞机垂直速度，“0”表示无垂直速度，“1”表示 0ft/min(1ft=0.3048m)，“2”表示编码单位为 64ft/min，“3”表示编码单位为 128ft/min，依此类推。

航向状态标志：指示航向数据是否可用，“0”表示航向数据不可用，“1”表示航向数据可用。

航向：该字段用于广播 ADS-B 子系统的航向，以正北方向为参考 0°，顺时针方向编码，编码单位为 0.3515625。

空速类型：该字段指示紧邻的空速字段是飞机表速还是真实速度。“0”代表表速。

空速：这 10bit 编码用于报告飞机机动速度，当空中速度报告消息子类型为 3，即亚声速时，编码单位为节，“0”表明无可用东/西速度，“1”表明飞机速度为 0kn，依次类推。

气压高度差标志：指示 GNSS 高度是否大于大气压高度，“0”代表大于，“1”代表小于。

气压高度差：广播气压高度差值。编码单位为 25ft。“0”表示无可用 GNSS 高度，固不能得到具体高度差值。“1”表示高度差为 0ft，“2”表示高度差为 25ft，以此类推。

示例：8D485020994409940838175B284F，按照表 2-10 将 ME 字段解码后各域数据

对应如表 2-11 所示。

表 2-11　空中速度信息 ME 字段域对应数据

名称	类型(TC)	子类型(ST)	意图变更标志(IC)	预留A(RESV_A)	导航精度(NAC)	东/西向标志(S-EW)	东/西速度(V-EW)	南/北向标志(S-NS)
对应数据	10011	001	0	1	000	1	0000001001	1
名称	南/北速度(V-NS)	垂直速度来源(Vrsrc)	垂直速度符号(S-Vr)	垂直速度(Vr)	预留 B(RESV_B)	气压高度差标志(S-Dif)	气压高度差(Dif)	
对应数据	0010100000	0	1	000001110	00	0	0010111	

1) 水平速度计算

计算水平速度和方向需要四个参数，东/西速度V_{ew}，东/西速度标志S_{ew}，南/北速度V_{ns}，南/北速度标志S_{ns}。速度v和航向h_1计算公式如下：

$$\begin{cases} V_{ew}=\begin{cases}-1\times\left(V_{ew}-1\right), & S_{ew}=1\\ V_{ew}-1, & S_{ew}=0\end{cases}\\ V_{ns}=\begin{cases}-1\times\left(V_{ns}-1\right), & S_{ns}=1\\ V_{ns}-1, & S_{ns}=0\end{cases}\\ v=\sqrt{V^2{}_{ew}+V^2{}_{ns}}\\ h_1=\arctan\left(\dfrac{V_{ew}}{V_{ns}}\right)\times\dfrac{360}{2\pi}\ (^\circ)\end{cases} \tag{2-11}$$

将各域对应数据转换为十进制后可得V_{ew}=9，S_{ew}=1，V_{ns}=160，S_{ns}=1。代入公式计算得出：

$$\begin{cases} V_{ew}=-(9-1)=-8\\ V_{ns}=-(160-1)=-159\\ v=159.20\text{kn}\\ h_1=182.88^\circ\end{cases} \tag{2-12}$$

即飞行器水平速度为 159.20kn，航向为 182.88°。

2) 垂直速度计算

当S_{Vr}字段(bit9)为 0 时，表示飞行器向上飞；当S_{Vr}字段(bit9)为 1 时，表示飞行器向下飞。Vr 字段是二进制表示的垂直飞行速率，单位为 ft/min，将对应域中数据转为十进制后，可得 Vr=(14–1)×64=832，S_{Vr}=1，所以可知飞行器以 832ft/min 的速度下降飞行。

5. 目标识别和类型信息

ADS-B 飞机识别和类型信息包括发射机类别识别和身份类别识别。飞机识别和类型信息 ME 字段域含义如表 2-12 所示。

表 2-12　飞行识别和类型信息 ME 字段域含义

飞行识别和类型信息 ME 字段域										
ME 中比特位置	1～5	6～8	9～14	15～20	21～26	27～32	33～38	39～44	45～50	51～56
名称	TYPE	发射机类型	身份字符	身份字符	身份字符	身份字符	身份字符	身份字符	身份字符	身份字符

ADS-B 飞机识别和类型信息 TYPE 值只能是 1、2、3 或者 4，分别对应 D、C、B、A 类发射机。发射机类型编码，可以识别 D、C、B、A 四类发射机中对应的特定飞机类型。身份和类型识别码共 8 个字符，表明飞机航班号等身份识别码。身份字符的查询表如下：

#ABCDEFGHIJKLMNOPQRSTUVWXYZ#####_###############0123456789######

2.3　UAT 链路

美国专门设计用来支持通用航空 ADS-B 功能的收发系统，还具有从地面站实现上行广播的功能。接入方式为时分复用，在 1s 长的帧中，前 188ms 分配给地面广播服务，后 812ms 分配给 ADS-B，其中地面广播部分仍为时分复用，并采用时间同步以减少信息重叠；ADS-B 部分采用随机接入方式，数据传输率为 1Mbit/s。

UAT 数据链的传输速度是 1Mbit/s，传输信号的频率范围为 960～1015MHz，在空与空之间、地与空之间进行实时的广播通信时，一般情况下，UAT 数据链的传输频率都选择 978MHz，选择单一频率进行传输可以保证通信的准确性，同时可以避免因为频率种类多而产生的信道干扰。

UAT 设备具有抗干扰能力强、通信容量大和成本低廉等特点，目前国际上倾向于在通用航空方面应用 UAT 数据链系统完成导航和监视，为适应未来越来越繁忙拥挤的空中交通环境提供了可能。

UAT 数据链的基本发送单元为帧，采用的调制方式是连续相位频移键控(continuous phase frequency shift keying，CPFSK)，其访问方式有两种，分别为随机接入和固定时隙，其中地面站采取固定时隙，移动用户采取随机接入。

UAT 数据链一帧的时间长度为 1s，其中最小时间刻度是消息驱动窗口(message start opportunity，MSO)，每个 MSO 时长为 250μs，一帧共有 4000 个 MSO。图 2-7 为 UAT 数据链的帧结构。

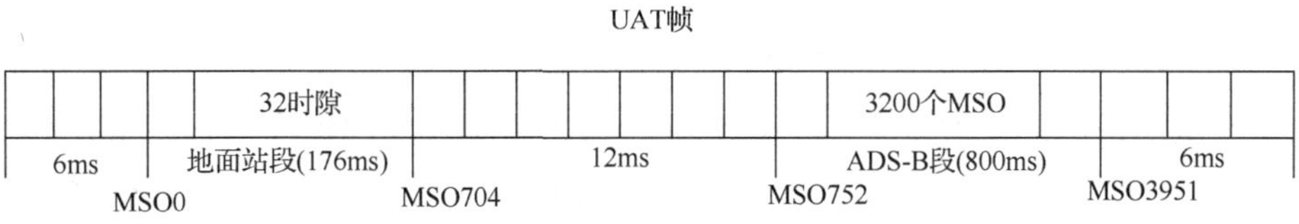

图 2-7　UAT 数据链的帧结构

UAT 数据链的一帧由五个部分组成。第一部分是时长为 6ms 的保护部分；第二部分是时长为 176ms 的地面站段广播部分；第三部分是时长为 12ms 的保护部分；第四部分是时长为 800ms 的空中广播部分；第五部分是时长为 6ms 的保护部分。

2.3.1 UAT 数据链信号的调制与解调

1. 信号调制

UAT 数据链采用二进制连续相位频移键控(CPFSK)的调制方式，CPFSK 调制属于频移键控(frequency shift keying，FSK)调制的一个子类，FSK 即一种允许根据数字调制信号改变载波频率而进行数据传输的数字调制技术，如在 2FSK 中，二进制 1 和二进制 0 期间传输不同频率的载波信号。

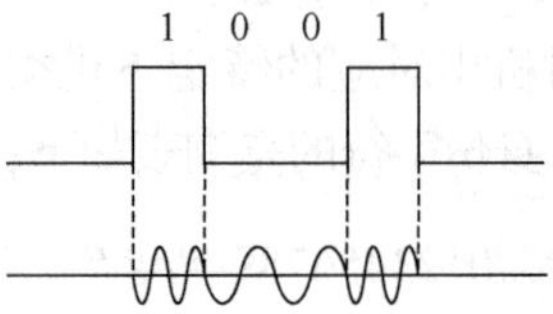

图 2-8　2FSK 信号波形图

如图 2-8 所示，在 2FSK 中，载波的频率随二进制基带信号在 f_1 和 f_2 两个频率点间变化。故其表达式为

$$e_{2\text{FSK}}(t)=\begin{cases}A\cos(\omega_1 t+\varphi_n), & \text{发送“1”时}\\ A\cos(\omega_2 t+\varphi_n), & \text{发送“0”时}\end{cases} \tag{2-13}$$

CPFSK 调制要求在传输符号的翻转位置处，调制波形的相位是连续的。CPFSK 对于相位连续性的要求主要在以下两个方面影响传输信号：

(1) 减弱符号翻转时的瞬态效应，提供频谱带宽优势；

(2) 符号翻转时的相位连续引入了记忆性，在接收端可以采用连续观测多个符号来对一个符号做出判决，以提升接收性能。

CPFSK 调制的信号波形可以表示为

$$\begin{aligned}e_{\text{CPFSK}}(t)&=A\cos[2\pi f_c t+\phi(t,a)+\phi_0]\\&=A\cos[2\pi f_c t+\theta_m+\theta(t,a)+\phi_0]\end{aligned} \tag{2-14}$$

式中，f_c 为载波频率；ϕ_0 为初始相位；$\phi(t,a)=\theta_m+\theta(t,a)$ 为载波的时变相位。在此相位中包含着传输信息，分别为

$$\begin{cases}\theta_m=\pi h\sum\limits_{k=-\infty}^{m-1}a(k)\\ \theta(t,a)=2\pi h a(m)q(t-mT_a)\\ q(t)=\begin{cases}0, & t<0\\ t/(2T_a), & 0\leqslant t\leqslant T_a\\ 0.5, & t>T_a\end{cases}\\ h=2f_dT_a\end{cases} \tag{2-15}$$

式中，h 是调制指数；f_d 为频偏；T_a 是码元时间。对于 UAT 数据链路，调制指数 $h=0.6$，频偏 $f_d=312.5\text{kHz}$。可以看出，CPFSK 调制信号的频带利用率高，旁瓣功率谱衰减快，带宽内传送信息量大，对相邻信道干扰小，适合在非线性信道中传输。

如图 2-9 所示，传统的 CPFSK 信号的产生方法主要有两种：一种可以采用模拟调频电路来实现，另一种可以采用开关选频电路实现。模拟调频法通过控制压控振荡器的振

荡频率得到数字调频信号。开关选频法是用一个开关电路来对两个频率源选通完成的，其中这两个频率源相互独立且完全不同，开关电路是通过矩形脉冲序列来控制的。

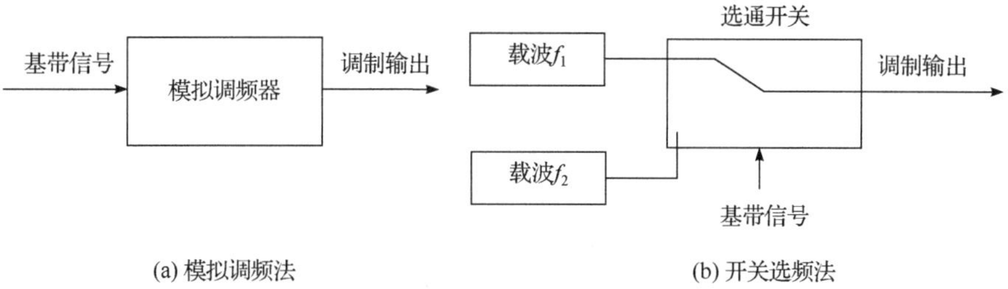

图 2-9　模拟调频法和开关选频法原理图

随着技术和器件水平的提高，以及大规模集成电路的出现，直接数字频率合成(direct digital frequency synthesis，DDS)得到了飞速的发展，它以其独特的优越性能和特点在现代频率合成技术中占有重要地位。图 2-10 展示的即是 DDS 的工作原理图。

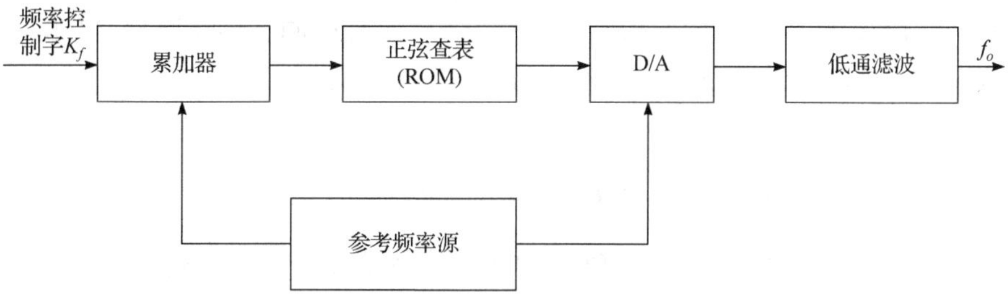

图 2-10　DDS 工作原理

直接数字频率合成应用于各类通信系统时，参考频率源 f_r 多采用稳定的晶体振荡器，以得到频谱纯净的工作时钟。累加器由多个级联的加法器和寄存器组成，当参考频率源 f_r 输入一个时钟脉冲时，它的输出增加一个步长的增量值，增量的大小随频率控制字 K_f 的不同而变化。当用这个增量的数据进行寻址查表时，正弦查表就把存储在累加器中的抽样数字值转换成近似正弦波幅度的数字量函数，D/A 转换器就把数字量转化成模拟量，低通滤波器进一步平滑近似正弦波的锯齿阶梯函数，生成得到输出信号。

由前面的介绍可知，DDS 能够实时构筑出所希望的波形，能够方便地控制输出信号的相位，并且在频率变换时能保持相位连续，这正好满足 CPFSK“码元交替点相位连续”的条件。因此，现在常常将 DDS 技术应用到 CPFSK 调制中，通过两个不同的频率控制字控制两路不同频率信号，在码元转换时，通过改变频率控制字达到频率捷变的目的。

2. 信号解调

如图 2-11 所示，2CPFSK 信号功率谱与调制指数密切相关，当调制指数 $h \leqslant 0.5$ 时，功率谱呈现的是单峰，且波形十分平滑，信号的能量主要集中在中心频点上；随着调制指数的逐渐增大，当处于 0.5～0.7 时，功率谱逐渐由单峰的峰顶向下凹陷，信号的带宽也在呈增大趋势；当 $h > 0.7$ 时，功率谱将会出现双峰，信号的带宽进一步增加，信号的能量也会逐渐分散开来，向 f_1 和 f_2 这两个频点靠近；调制指数增大到 1 附近时，双峰将会分开，且会在 f_1 和 f_2 处出现离散谱。

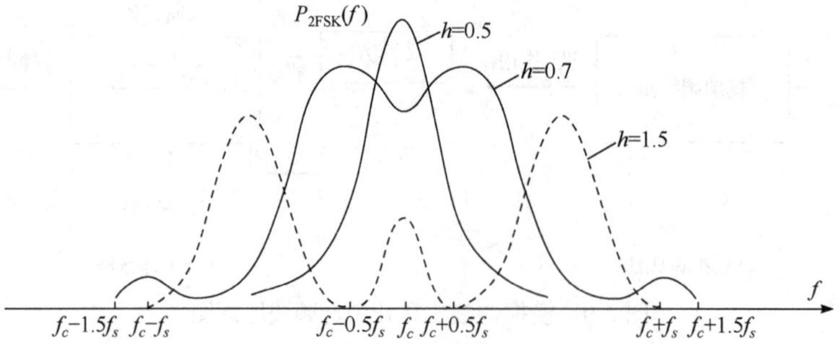

图 2-11　2CPFSK 信号的功率谱

UAT 数据链路的调制指数 $h=0.6$，载波 f_1 和 f_2 两路频率载波较难分离，使用传统的 2FSK 相干解调和非相干解调方式较难实现，结合 UAT 数据链的调制特点，为得到较低的误码率，采用如图 2-12 所示的相位相干解调方法进行解调。接收到的 CPFSK 信号先和载波提取电路提取到的载波 $\cos\omega_c t$ 和 $-\sin\omega_c t$ 相乘，得到的表达式为

$$\begin{aligned}&e_{\mathrm{CPFSK}}(t)\cos\omega_c t\\&=A\cos[\omega_c t+\theta_m+\theta(t,a)+\phi_0]\cos\omega_c t\\&=\frac{A}{2}\cos[2\omega_c t+\theta_m+\theta(t,a)+\phi_0]+\frac{A}{2}\cos[\theta_m+\theta(t,a)+\phi_0]\end{aligned}\tag{2-16}$$

$$\begin{aligned}&e_{\mathrm{CPFSK}}(t)(-\sin\omega_c t)\\&=A\cos[\omega_c t+\theta_m+\theta(t,a)+\phi_0](-\sin\omega_c t)\\&=\frac{A}{2}\sin[\theta_m+\theta(t,a)+\phi_0]-\frac{A}{2}\sin[2\omega_c t+\theta_m+\theta(t,a)+\phi_0]\end{aligned}\tag{2-17}$$

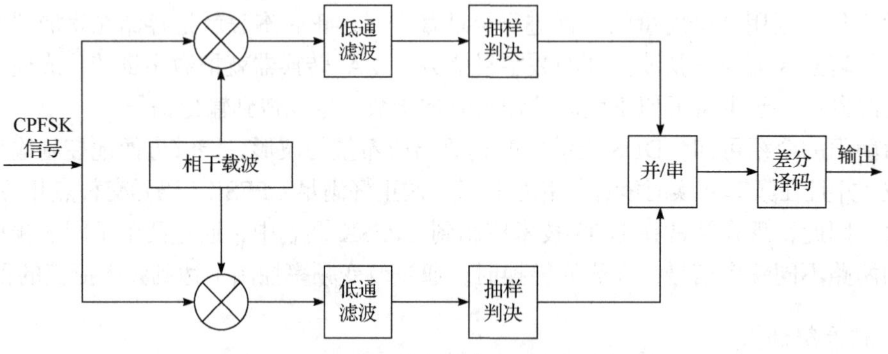

图 2-12　CPFSK 信号相位相干解调法框图

经过低通滤波器滤除高频分量后得(ϕ_0 为 CPFSK 信号的起始相位，一般从 0°开始)

$$Y_1=\frac{A}{2}\cos[\theta_m+\theta(t,a)]\tag{2-18}$$

$$Y_2 = \frac{A}{2}\sin[\theta_m + \theta(t,a)] \tag{2-19}$$

式(2-18)和式(2-19)的右端和原 CPFSK 信号的两个分量除了差一个常数因子1/2外，其他的均相同。接着将从滤波器得到的两路信号经过抽样判决(两路信号抽样时刻相差一个 T_b)，再经过并/串转换、差分译码，就可以解调出原始的调制信息。

2.3.2　数据链报文的编码与解码

1. UAT ADS-B 报文格式

ADS-B 报文分为 ADS-B 基本报文(短报文)和 ADS-B 长报文两类,报文格式如图 2-13 所示。

图 2-13　UAT ADS-B 报文格式

其中，同步码(SYNC)为 36bit 的同步头，其数据内容为“111010101100110111011010010011100010”;信息载荷(PAYLOAD)为报文有效载荷部分,短报文有 144bit 信息数据，长报文有 272bit 信息数据；前向纠错码(FEC PARITY)为 RS 码校验数据，随信息数据不同而不同，短报文采用 RS(30, 18)码，长报文采用 RS(48, 34)码。

2. ADS-B 消息载荷

为方便起见，ADS-B 消息载荷被组织成多个元素部分，这些元素包含与所定义的 ADS-B 报告元素相对应的各个消息字段(如纬度、高度等信息)。消息载荷元素部分和其各自的长度如表 2-13 所示。

表 2-13　UAT ADS-B 载荷元素

载荷元素	字节长度/字节	载荷元素	字节长度/字节
报头(HDR)	4	目标状态(TS)	5
状态矢量(SV)	13	轨迹变化+0(TC+0)	12
模式状态(MS)	12	轨迹变化+1(TC+1)	12
辅助状态矢量(AUX SV)	5		

ADS-B 消息载荷应按字节顺序传输，首先传输第 1 字节，并在每字节内，首先传输第 1 位。同时，ADS-B 报文消息载荷前 5 位编码为“PAYLOAD TYPE CODE”，接收机在接收 ADS-B 报文时，通过解码 PAYLOAD TYPE CODE 来判断该条报文所包含的消息载荷元素内容。表 2-14 展示了 PAYLOAD TYPE CODE 所指示的报文载荷元素。

表 2-14 ADS-B 消息载荷组成

有效载荷类型码	ADS-B 消息有效载荷字节编号				
	1～4	5～17	18～24	25～29	30～34
0	报头	状态矢量	预留位	字节 19～34(有效载荷类型 0 没有呈现)	
1	报头	状态矢量	模式状态		辅助状态矢量
2	报头	状态矢量	保留		辅助状态矢量
3	报头	状态矢量	模式状态		目标状态
4	报头	状态矢量	预留给 TC+0		目标状态
5	报头	状态矢量	预留给 TC+1		辅助状态矢量
6	报头	状态矢量	预留	目标状态	辅助状态矢量
7	报头	状态矢量	预留		
8	报头	状态矢量			
9	报头	状态矢量			
10	报头	状态矢量			
11～29	报头	预留			
30～31	报头	预留供未来使用			

下面介绍几个常用载荷元素部分。

1) 报头部分

报头(HDR)部分编码格式如图 2-14 所示，此项元素编码适用于 PAYLOAD TYPE CODE 从 0～31 的 ADS-B 报文。

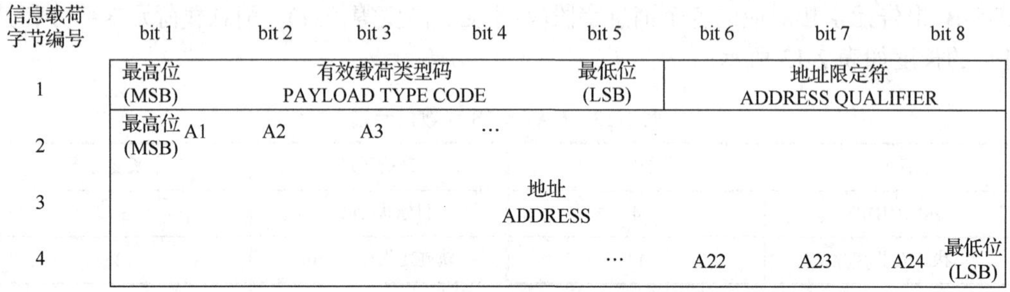

图 2-14 报头编码格式

ADS-B 报头部分主要用于指示目标地址码。当 ADDRESS QUALIFIER 为 0 时，地址编码指示 ADS-B 目标的 24 位 ICAO 地址；1 代表 ADS-B 目标自身指定的临时地址；2 代表 ADS-B 或者 TIS-B 目标的 24 位 ICAO 地址；3 代表 TIS-B 目标的跟踪文件标识符；4 代表地面车辆；5 代表固定 ADS-B 信标；6 代表没有 24 位 ICAO 地址的 ADS-B 目标。

2) 状态矢量部分

状态矢量(SV)部分编码格式如图 2-15 所示，此项元素适用于 PAYLOAD TYPE CODE

从 0～10 的 ADS-B 报文。

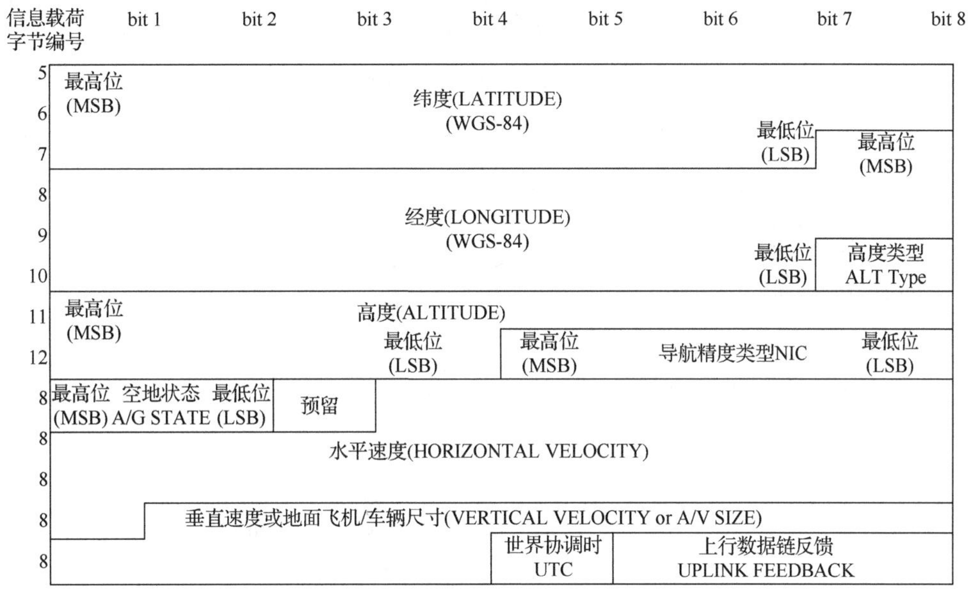

图 2-15 状态矢量编码格式

状态矢量元素部分所包含的 ADS-B 消息载荷内容如下。

纬度(LATITUDE)：WGS-84 坐标系下 ADS-B 目标的纬度；

经度(LONGITUDE)：WGS-84 坐标系下 ADS-B 目标的经度；

高度类型(ALT Type)：高度类型，0-气压高度，1-几何高度；

高度(ALTITUDE)：飞机高度编码；

导航精度类别(NIC)：通常情况下，NIC 参数可以直接从 GPS/GNSS 接收器的 HPL 或 HIL 输出中确定；

空地状态(A/G STATE)：指示目标在空中还是地上，是超声速还是亚声速；

水平速度(HORIZONTAL VELOCITY)：航空器的水平速度；

VERTICAL VELOCITY or A/V SIZE：垂直速度或地面飞机/车辆尺寸；

UTC：指示目标是否采用世界协调时(UTC)，0-未采用，1-采用；

上行数据链反馈(UPLINK FEEDBACK)：该字段报告了前 32s 内在特定的数据通道上成功接收到的地面上行消息的数量。

3. ADS-B 消息载荷解码

1) 纬度、经度解码

如图 2-16 所示，纬度范围为 0°到南北 90°，经度范围为 0°到东西经 180°，纬度的有效信息位为 23 位，而经度的有效信息位为 24 位，“纬度”字段是一个 23 位(Byte5 的 bit1 到 Byte7 的 bit7)字段，用于编码 WGS-84 中提供给 ADS-B 传输子系统的纬度。“经度”字段是一个 24 位(Byte7 的 bit8 到 Byte10 的 bit7)字段,用于编码 WGS-84 中提供给 ADS-B 传输子系统的经度，但是它们的计算精度相同。最小精度值用 LSB 表示，LSB 数值上为

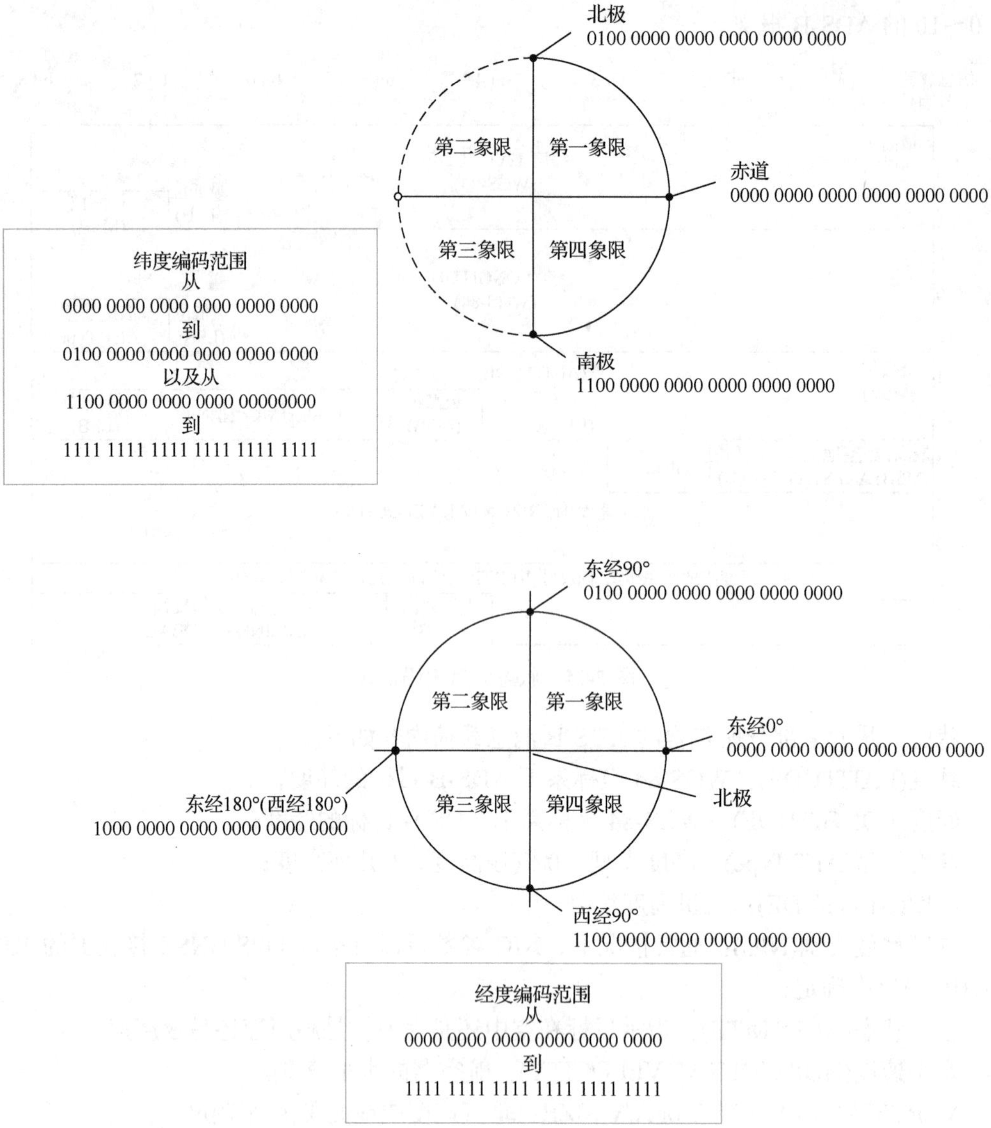

图 2-16　经纬度与象限对应表

$$\mathrm{LSB}_{\mathrm{LATI}} = \frac{180}{2^{23}}$$

$$\mathrm{LSB}_{\mathrm{LONG}} = \frac{360}{2^{24}}$$

$$\mathrm{LSB} = \frac{360}{2^{24}} = 2.1457672 \times 10^{-5}$$

在纬度解码时，首先将纬度对应的 23 位二进制数转化为十进制数，再将转化后的十进制数 N 与 LSB 相乘得到具体的纬度数值，最后将纬度数值在图的象限中进行搜寻(0～90 对应北纬 0°～90°，90～180 对应南纬 0°～90°)。

在经度解码时，首先将纬度对应的 24 位二进制数转化为十进制数，再将转化后的十进制数 N 与 LSB 相乘得到具体的纬度数值，最后将纬度数值在图的象限中进行搜寻(0～90 对应东经 0°～90°，90～180 对应东经 90°～180°，180～270 对应西经 180°～90°，270～360 对应西经 90°～0°)。

2) 高度解码

高度解码规则原理与经纬度相似，都是计算最小刻度，每一份刻度变化对应着一个编码，如表 2-15 所示。

表 2-15　高度编解码表

信息(二进制)	十进制	代表高度/ft
0000 0000 0000	0	无效高度信息
0000 0000 0001	1	−1000
0000 0000 0010	2	−975
…	…	…
0000 0010 1000	40	−25
0000 0010 1001	41	0
0000 0010 1010	42	25
…	…	…
1111 1111 1110	4094	101325
1111 1111 1111	4095	大于 101337.5

每一个 LSB 代表 25ft，高度码共 12 位，首先将 12 位二进制高度码转化为十进制数，再进行查表，最终确认航空器高度信息。

3) 水平速度解码

首先判断表 2-16 中 A/G STATE(Byte13 的 bit1、bit2)的值，并根据 A/G STATE 的值来选择合适的 LSB。对应的 A/G STATE 为 00/10 时，LSB 为 1kn；为 01 时，LSB 为 4kn。在确定好 A/G STATE 后，就进行方向和数值的解码计算。

表 2-16　空地状态表

<table>
<tr><th rowspan="3">本机状态</th><th colspan="3">空地状态字段编码</th><th colspan="2">水平速度，子字段格式</th></tr>
<tr><th>最高位 MSB</th><th>最低位 LSB</th><th></th><th rowspan="2">北向速度/地速字段含义</th><th rowspan="2">动向速度/航迹(航向)角字段含义</th></tr>
<tr><th>垂直状态
Byte13 的第 1 位</th><th>亚声速或超声速
Byte13 的第 2 位</th><th>十进制</th></tr>
<tr><td>空中状态亚声速状态</td><td>0</td><td>0</td><td>0</td><td>北向速度
(LSB=1kn)</td><td>东向速度
(LSB=1kn)</td></tr>
<tr><td>空中状态超声速</td><td>0</td><td>1</td><td>1</td><td>北向速度
(LSB=4kn)</td><td>动向速度
(LSB=4kn)</td></tr>
<tr><td>地面条件下</td><td>1</td><td>0</td><td>2</td><td>地速(LSB=1kn)</td><td>航迹角/航向角</td></tr>
<tr><td><预留></td><td>1</td><td>1</td><td>3</td><td></td><td></td></tr>
</table>

如表 2-17 所示，首先对 Byte13 的 bit4 进行南/北方向判断，其中 0 表示飞机向北飞行的速度，反之表示向南飞行的速度；对 Byte14 的 bit7 进行东/西方向判断，其中 0 表示飞机向东飞行的速度，反之表示向西飞行的速度。后对 Byte13 的 bit5 到 Byte14 的 bit6 共 10 位进行速度值计算，如表 2-18 所示。

表 2-17　北向速度字段表

Byte13					Byte14					
bit4	bit5	bit6	bit7	bit8	bit1	bit2	bit3	bit4	bit5	bit6
南北方向标识	最高位(MSB)	--北向速度大小--								最低位(LSB)

表 2-18　水平空速编解码表

字段编码(二进制)	字段编码(十进制)	亚声速量表(空地状态=0)	超声速量表(空地状态=1)
00 0000 0000	0	南/北向速度不可用	南/北向速度不可用
00 0000 0001	1	南/北向速度为 0	南/北向速度为 0kn
00 0000 0010	2	南/北向速度为 1kn	南/北向速度为 4kn
00 0000 0011	3	南/北向速度为 2kn	南/北向速度为 8kn
…	…	…	…
11 1111 1110	1022	南/北向速度为 1021kn	南/北向速度为 4084kn
11 1111 1111	1023	南/北向速度大于 1021.5kn	南/北向速度大于 4086kn

A/G STATE 为 10 时表示在地面状态，其地面速度字段如表 2-19 所示，表 2-20 为其解码规则。

表 2-19　地面速度字段表

Byte13					Byte14					
bit 4	bit 5	bit 6	bit 7	bit 8	bit 1	bit 2	bit 3	bit 4	bit 5	bit 6
保留	最高位(MSB)	--地面速度--								最低位(LSB)

表 2-20　地面速度编解码表

字段编码(二进制)	字段编码(十进制)	亚声速量表(空地状态=2)
00 0000 0000	0	地面速度信息不可用
00 0000 0001	1	地面速度为 0kn
00 0000 0010	2	地面速度为 1kn
00 0000 0011	3	地面速度为 2kn
…	…	…

续表

字段编码 (二进制)	字段编码 (十进制)	亚声速量表 (空地状态=2)
11 1111 1110	1022	地面速度为 1021kn
11 1111 1111	1023	地面速度大于 1021.5kn

如表 2-21 和表 2-22 所示，在 Byte14(bit7、bit8)和 Byte15 及 Byte16(bit1)涉及航向角，解码规则与水平速度原理相同，首先判断 Byte14(bit7、bit8)的编码值(00 代表不可用，01 代表航迹角，10 代表磁航向角，11 代表真航向)，将 Byte15 及 Byte16(bit1)共 9 位进行进制转化并与 LSB 相乘得到对应值。LSB=0.703125°，范围为 0°～360°。

表 2-21　航向字段表

Byte14		Byte15								Byte16
bit7	bit8	bit1	bit2	bit3	bit4	bit5	bit6	bit7	bit8	bit1
TA/H 类型	(MSB)				--航迹角/航向角--					(LSB)

表 2-22　航向编解码表

字段编码 (二进制)	字段编码 (十进制)	含义
0 0000 0000	0	航迹角/方向为 0°
0 0000 0001	1	航迹角/方向为 0.703125°
0 0000 0010	2	航迹角/方向为 1.406250°
0 0000 0011	3	航迹角/方向为 2.109375°
…	…	…
1 1111 1110	510	航迹角/方向为 358.593750°
1 1111 1111	511	航迹角/方向为 359.296875°

4) 垂直速度计算

Byte16 的 bit2 代表垂直速度信息的来源，0 代表地理值，1 代表气压值。Byte16 的 bit3 代表垂直速度方向，0 代表上，1 代表下。如表 2-23 所示，为垂直速度字段表。

表 2-23　垂直速度字段表

Byte16							Byte17			
bit2	bit3	bit4	bit5	bit6	bit7	bit8	bit1	bit2	bit3	bit4
垂直速度来源	垂直速度方向	(MSB)				--垂直速度--				(LSB)

在确定了垂直速度来源和垂直速度方向后，将 Byte17 的 bit4 后 9 位二进制数转化为

十进制并与 LSB 相乘得到垂直方向的速度如表 2-24 所示。

表 2-24　垂直速度编解码表

字段编码(二进制)	字段编码(十进制)	含义
0 0000 0000	0	垂直速度信息不可用
0 0000 0001	1	垂直速度为 0ft/min
0 0000 0010	2	垂直速度为 64ft/min
00 0000 0011	3	垂直速度为 128ft/min
…	…	…
1 1111 1110	510	垂直速度为 32.576ft/min
1 1111 1111	511	垂直速度大于 32.608ft/min

4. RS 编码

UAT ADS-B 报文的纠错编码使用的是里德-所罗门码(Reed Solomon，RS)编码方式，它是一种具有 FEC 能力的编码,可以对信息进行检错和纠错,增加信息传输的抗干扰能力。

RS 码是 Reed 和 Solomon 于 1960 年，即发现 BCH 码的同一年，采用完全不同的方法独立构造出来的一类最大距离可分(maximum distance separable, MDS)码，其最小距离达到了 Singleton 限。

RS 码是一种在有限域中完成理论构造的码，RS 码中涉及的数据及数据间的运算都必须满足有限域的要求。有限域又称伽罗瓦域(Galois field, GF)。伽罗瓦域中的加减乘除定义如下：

加减运算定义为元素在二进制表示下进行异或运算，运算得到的结果再查表得到最终结果。

乘法运算定义为元素的指数相加后进行模 2^m-1 运算，若有一个元素为 0，相乘结果为 0。

除法运算定义为元素的指数相减后进行模 2^m-1 运算，若被除数为 0，则结果为 0(相减后指数结果若为负数，则取补)。

对于域中所有的元素，若经过以上重定义的四则运算，计算结果依然在该域内没有溢出，则称这样的域为伽罗瓦域或有限域。

RS 码的基本思想就是在本原多项式所定义的有限域中，选择一个合适的生成多项式 $g(x)$，并且使得对每个信息字段计算得到的码字多项式都是 $g(x)$的倍式。如果接收到的码字多项式除以生成多项式的余式不是 0，则可知道接收的码字中存在错误，经过进一步计算可以实现纠错。

在 $GF(2^m)$ 域中，$RS(n, k)$各符号所表示的含义如下：

m 表示每一个码元由 m 位二进制数组成；

n 表示一个码块共有 n 个码元；

k 表示一个码块有 k 个信息码元；

$n-k=2t$ 表示一个码块中校验码元的个数，其中，t 表示能纠正的码元数目。

UAT 数据链所采用的 RS 编码采用 $GF(2^8)$ 上的系统 RS 码，短报文采用 RS(30, 18)码，即短码的有效信息码元个数为 18，校验冗余码元个数为 12，所能纠正的最大码元数目为 6；长报文则采用 RS(48, 34)码。UAT 采用的 RS 码的本原多项式为

$$p(x)=x^8+x^7+x^2+x+1 \tag{2-20}$$

其生成多项式为

$$g(x)=\prod_{i=120}^{p}(x-\alpha^i) \tag{2-21}$$

其中，对于 RS(30, 18)短码，p=131，而 RS(30, 18)长码则对应 p=133；α 是一个大小为 256 的有限域的原始元素。

5. RS 解码

RS 编码后的码字在发送端调制后通过信道进行传输，由于噪声干扰等不可抗性因素，信息在接收后出现一些偏差，这些差错如果处于 RS 码可以容纳的范围内，即在 RS 编码可以纠正的最大码元数量内，那么可以通过编码时增加的监督码字，经过译码操作进行消除，从而得到正确的信息。

对于码长为 n 的 RS(n, k)码，其码字符号均取自 $GF(2^m)$，其信息部分具有 k 个符号，监督部分具有 $n-k$ 个符号，可纠正 $t=(n-k)/2$ 个突发错误，如果产生的错误大于这个阈值 t，那么 RS 码也没有能力恢复原来的正确信息，如果编码后的信息叠加了一些噪声干扰，传输中引入叠加错误 $\boldsymbol{E}$ 的多项式表示为

$$\boldsymbol{E}(x)=e_{n-1}x^{n-1}+\cdots+e_2x^2+e_1x+e_0 \tag{2-22}$$

其中，$e_{n-1},\cdots,e_2,e_1,e_0$ 属于 $GF(2^m)$，因此接收码字可表示为

$$y(x)=c(x)+e(x)=y_{n-1}x^{n-1}+\cdots+y_2x^2+y_1x+y_0 \tag{2-23}$$

其中，$c(x)$代表编码后的码字；$y_{n-1},\cdots,y_2,y_1,y_0$ 属于 $GF(2^m)$，若 $y(x)\bmod g(x)=0$，则说明接收码字与发送码字一致，不存在错误，若 $y(x)\bmod g(x)\neq 0$，则说明存在错误 $\boldsymbol{E}$，需进行译码纠错。

在 RS 码中纠错的基本路线就是找出错误的位置以及相应值，然后从接收码字中减去对应位置的错误值。首先计算伴随子矩阵，通过生成多项式 $g(x)$的根得到一个监督矩阵 $\boldsymbol{H}$，表示如下：

$$\boldsymbol{H}=\begin{bmatrix}\alpha^{n-1} & \cdots & \alpha^2 & \alpha & 1\\ (\alpha^2)^{n-1} & \cdots & (\alpha^2)^2 & \alpha^2 & 1\\ \vdots & & \vdots & \vdots & \vdots\\ (\alpha^{2t})^{n-1} & \cdots & (\alpha^{2t})^2 & \alpha^{2t} & 1\end{bmatrix} \tag{2-24}$$

通过 RS 编码后的数据与监督矩阵相乘结果为 0。因此将 $\boldsymbol{Y}$ 与 $\boldsymbol{H}$ 相乘，若不为零，则代表接收码字中存在错误，而 $\boldsymbol{Y}$ 与 $\boldsymbol{H}$ 的乘积就称为伴随子矩阵。公式如下：

$$\boldsymbol{S}=\boldsymbol{Y}\boldsymbol{H}^{\mathrm{T}}=\begin{bmatrix} y_{n-1} \\ \vdots \\ y_1 \\ y_0 \end{bmatrix}\begin{bmatrix} \alpha^{n-1} & \cdots & \alpha^2 & \alpha & 1 \\ (\alpha^2)^{n-1} & \cdots & (\alpha^2)^2 & \alpha^2 & 1 \\ \vdots & & \vdots & \vdots & \vdots \\ (\alpha^{2t})^{n-1} & \cdots & (\alpha^{2t})^2 & \alpha^{2t} & 1 \end{bmatrix}^{\mathrm{T}}=\begin{bmatrix} S_1 \\ S_2 \\ \vdots \\ S_{2t} \end{bmatrix} \tag{2-25}$$

在求得伴随子矩阵后需要求错误子多项式 $\sigma(x)$，错误子多项式是由错误位置构造的一个多项式，表示如下，其中 p 就代表了错误位置。

$$\sigma(x)=(1-\alpha^{p_r}x)\cdots(1-\alpha^{p_2}x)(1-\alpha^{p_1}x) \tag{2-26}$$

常用的通过 $\boldsymbol{S}$ 求 $\sigma(x)$ 的方法有两种：伯利坎普算法和欧几里得算法。

伯利坎普算法引入了错误识别多项式的概念，其中错误值是所有误差传输点的值(全部未知)。因为，当且仅当某个接收点 i 是错误传输点时，该点的接收值 $R(i)$与原始编码值 $P(i)$存在固定偏差(即常数差值)，而所有正确传输点的 $R(i)$与 $P(i)$完全相等。因此，整个线性系统有一个方程和一个未知数，可以通过线性代数求解，继而可以求解原始编码多项式，并可以读出编码值。

欧几里得算法通过求解多项式 x^{2t} 及伴随多项式 $S(x)=S_{2t}x^{2t-1}+\cdots+S_2x+S_1$ 的最大公因式来得到错误位置多项式 $\sigma(x)$ 和错误值多项式 $V(x)$。当伴随子矩阵 $\boldsymbol{S}$ 不为零矩阵时，迭代开始，令 $a(x)=x^{2t}$，$b(x)=S(x)$用于计算 $V(x)$的参考多项式 $g_{n-2}(x)=-1$，$g_{n-1}(x)=0$。首先，求 $a(x)/b(x)$ 的商和余 $r(x)$，若 $r(x)=0$，则结束，取 $V(x)=b(x)$，$\sigma(x)=g(x)$。若 $r(x)\neq 0$，则需要进行新的迭代，直到余式为 0。

当获得 $\sigma(x)$ 和 $V(x)$ 后，通过计算 $\sigma(x)$ 的根来确定 $P_r,P_{r-1},\cdots,P_2,P_1$ 从而获得错误位置 $p_r,\cdots,p_2,p_1$ 和错误估值 $V_r,\cdots,V_2,V_1$，完成纠错。已知错误子多项式 $\sigma(x)$，求取 $\sigma(x)$ 的根的最为简单有效的一种方法为钱搜索法，通过将域中的所有元素代入错误子多项式，判断 $\sigma(\alpha^i)$ 是否为 0，这样就可以得到 $\sigma(x)$ 所有的根，求得根后，即可通过 Forney 公式来求得错误估值和错误位置，Forney 公式如下：

$$V_i=\frac{V(P_i^{-1})}{P_i\prod\limits_{j=1,j\neq i}^{r}(1+P_i^{-1}P_j)} \tag{2-27}$$

2.4　ACAS X

2.4.1　ACAS X 总体框架

ACAS 可以识别飞机在近距离的空中冲突，并且为飞行员提供可以防止发生近空碰撞(near mid-air collisions，NMAC)的决策建议，以避免事故的发生。ACAS 不仅在没有 ATC 服务的区域中提供防撞保护，并且还可以在有 ATC 服务的区域为 ATC 提供备份。

在 20 世纪 80 年代之后全球范围开发了三种类型的 ACAS。TCAS Ⅰ是一种成本较低的防撞系统，可以为小型飞机提供交通咨询(traffic advisory, TA)，但没有决断咨询(resolution advisory, RA)；TCASⅡ可以在垂直方向上为飞行员提供 TA 和 RA 的引导，并且可以用在体型比较大的客机之上；预期 TCASⅢ将基于来自更复杂的定向天线系统的水平测量，从而在水平方向上为飞行员提供 RA，但经过研究发现，该技术并不成熟，所以第一个使用的 ACAS 是 ACAS X 的前身 TCASⅡ系统。

TCASⅡ使用辅助监视雷达来询问其他配备有模式 A/C 和模式 S 应答机的飞机，并通过咨询跟踪得到其对应的位置、速度、飞机 ID、大气高度和范围等所需的处理信息。通过相应的设备使用这些信息来预测两架飞机的到达最接近点(closest point of approach，CPA)的时间，并且确定此时两架飞机的高度差，并且根据达到最接近点(CPA)的时间和特定的情况，TCASⅡ也可能会发布 TA 和 RA 建议。TCASⅡ仅仅是提供垂直 RA 的建议，并且是采用基于规则/启发式的逻辑，它的天线系统提供的方位信息可以用于显示流量和进行水平滤波。

然而，不断发展的全球空域已经对 TCASⅡ提出了新的挑战，不断增加的需要使得新一代防撞系统的需求日益增加，因此 ACAS X 应运而生。ACAS X 概念确保了与当前和未来的新航行系统 CNS/ATM (communication navigation surveillance/air traffic management)的互操作性，包括与 TCASⅡ系统的兼容性。这意味着在同一次冲突中针对不同防撞系统的飞机提供的咨询也是可行的，飞行员根据建议执行的决策是相互兼容的，并且操作对该空域中的其他 ATM 操作的影响最小，在兼容性和安全性上都优于之前的系统。2009 年，美国联邦航空局(FAA)启动了下一代机载防撞系统 ACAS X 的研究计划，并计划在 2020 年全面推广 ACAS X。而对于 ACAS X，包括 ACAS Xa(active)、ACAS Xo(operation)、ACAS Xu(unmanned)和 ACAS Xp(passive)4 种，分别用于不同的场景。其中，ACAS Xa 用于替代当前的防撞系统 TCASⅡ。ACAS X 的核心部分包括监视跟踪模块(surveillance tracking module, STM)和冲突解脱模块(threat resolution module，TRM)，STM 负责探测和跟踪入侵机目标并将信息提供给 TRM，TRM 则利用这些信息来确定是否生成警报和 TA/RA 咨询。2018 年 10 月，ACAS X 的最新标准 RTCA DO-385 被推出。ACAS X 就是基于以上要求重新开发的新一代机载防撞系统，它是作为防止飞机之间发生空中碰撞的最后手段来提高航空安全，当地面调度等方式无法确保飞机没有相互碰撞的风险时，ACAS X 的存在就至关重要了。通过利用来自二次监视雷达 SSR 和 ADS-B 技术的监视信息，ACAS X 设备的运行可以独立于地面辅助设备和空中交通管制(ATC)。配备 ACAS X 的飞机能够查询机载应答器并接收 ADS-B 的消息，用于确定附近其他飞机的位置并评估发生碰撞的风险。

与原有的 TCASⅡ相比，除了作为 TCAS Ⅱ混合监视 MOPS 更新的一部分引入的频谱拥塞缓解措施之外，ACAS X 还涉及以下几方面内容。

(1) 对风险率进行了优化，相较于原本的防撞逻辑，在保证安全的情况下减少了很多不必要的警报，降低了系统的虚警率，并且削减了可以发出的 RA 总数。

(2) 针对整个系统的调整和优化都变得更加容易，并且可以较好地匹配系统的监视和跟踪功能，发挥新一代飞机的性能。

(3) 使用决策理论方法，即马尔可夫决策过程(MDP)，而不是基于规则/试探的方法来解决威胁的方式，这一点具体则反映在冲突解脱模块(TRM)中。

(4) 具有接收和处理新监视源(如本机位置源和 ADS-B)的功能。

ACAS X 系统总体由三部分组成：前端监视模块、监视跟踪模块(STM)和冲突解脱模块(TRM)，如图 2-17 所示。前端监视模块主要负责对本机传感器获得的目标信号的跟踪处理，并生成 STM 输入文件，然后由 STM 对目标信号进行状态跟踪估计处理，生成 STM 输出文件，同时作为 TRM 的输入文件，而 TRM 则对信号进行最终防撞逻辑的判断和处理，生成航空器消耗文件和 TRM 输出文件。

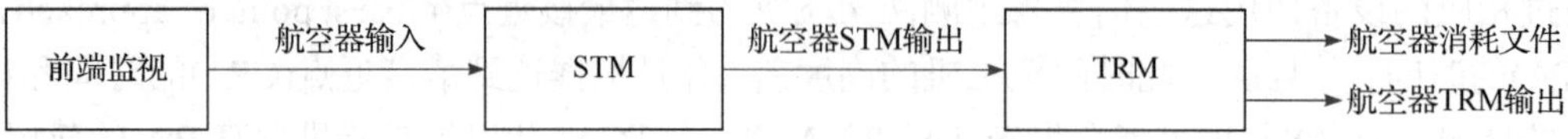

图 2-17　ACAS X 总体框架

2.4.2　前端监视模块

前端监视模块对目标信号的监视过程是一个反馈过程，如图 2-18 所示。该过程包括天线收发和控制单元、信号处理单元、对观测量进一步处理单元、监视跟踪环路单元以及自适应功率控制单元。

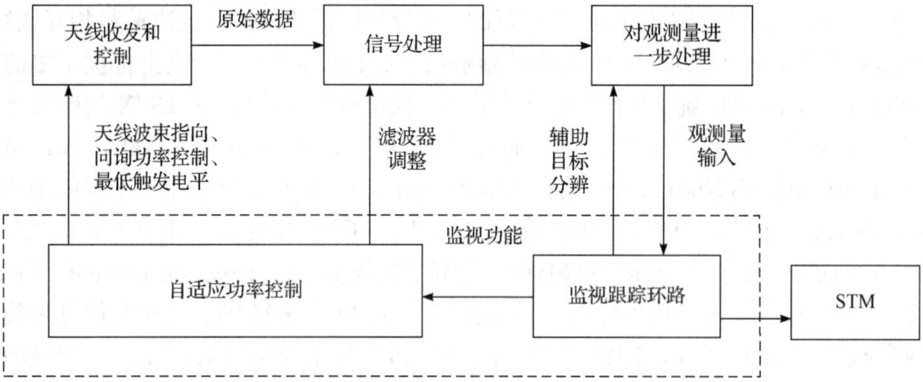

图 2-18　前端监视信息交互环路

监视功能对前端传感器信号处理最重要的反馈机制是自适应的询问功率控制过程，该过程包括干扰抑制建模以及询问功率控制；首先，反馈作用于对天线波束指向、目标的源定位和信息发送接收控制，它的主要作用在于提高对已经建立航迹的跟踪概率。尤其是在防撞系统中，为了降低由本机询问导致对其他飞机的干扰问题，会根据监视区域内目标飞机的分布情况和数量情况来决定本机询问机的发射功率和对应的接收触发电平(调整不同的询问模式)，然后，反馈则接着根据本机询问的模式来调整对应滤波器的参数设置，从而有效地调整本机对目标信号处理的性能。

(1) 天线收发和控制单元。飞机采用顶部天线和底部天线负责对信号的发射和接收(1030MHz/1090MHz)。其中，顶部天线为定向天线，底部天线为全向天线。接收和发送的信号主要包括 A/C 模式询问信号、S 模式询问信号以及 ADS-B 信号等，并将接收到的原始信号送往信号处理单元。

(2) 信号处理单元。该模块主要负责信号的编码和译码工作，完成对射频信号和数字信号的处理。

(3) 对观测量进一步处理单元。该模块的主要功能包括航迹的启动、航迹的建立以及航迹的删除。在二次雷达的探测过程中，对于空中管制雷达信标系统(air traffic control radar beacon system，ATCRBS)目标，除了采用定向询问技术外，同时采用小声呼叫(whisper shout，W/S)序列进行询问，而在小声呼叫询问的相邻步进(不同的询问功率)之间，同一个目标就会产生 2～3 次应答报告，这是因为小声呼叫询问的相邻步进之间会有一部分相重叠的区域起作用，这时，如果该区域内有 ATCRBS 目标，则会同时产生大于一次的应答，对于 S 目标的跟踪虽然没有小声呼叫，但同样会由于混扰而产生这种问题。因此，在一次测量的预处理过程中必须采用冗余消除逻辑保证来自同一个目标的测量值不会被当作来自多个目标得到的测量值。

(4) 监视功能模块。在图 2-18 所示的前端监视信息交互环路中，该模块的关键部分是自适应功率控制模块，其主要功能包括两个部分，分别为干扰抑制建模和对本机询问功率的控制。

2.4.3　A/C 模式的监视

ACAS X 采用的是一种称为 C 模式全呼叫(mode C only all-call)的询问模式，对监视区域内的 ATCRBS 目标，以每秒 1 次的速率询问。A/C 模式目标的应答机数据的不同之处在于 A 模式目标的应答数据中没有高度信息，而来自 C 模式目标的应答数据含有高度信息。跟踪目标的点迹信息首先经过监视跟踪模块(STM)进行跟踪处理，以 TRM 所需的输入形式形成相应的航迹文件，然后送往 TRM 进行防撞逻辑的判断和处理，用于 TA 或 RA 的选择与显示。

1. A/C 模式询问和应答格式

1) A/C 模式询问格式

传统的二次雷达有六种询问模式，即 1、2、3/A、B、C、D 模式。其中，1、2 模式用于军用识别询问；3/A 模式用于民用及军用识别；B 模式只用于民用识别；C 模式用于高度询问；D 模式用于备用询问。现在航管二次雷达实际使用的是 A/C 模式，采用交叉询问的工作方式，分别得到飞机的编号和高度数据。询问模式和脉冲间隔如表 2-25 所示。

表 2-25　A/C 询问模式和脉冲间隔表

模式	P1 和 P3 脉冲间隔/μs	用途
1	3±0.1	识别
2	5±0.2	识别
3/A	8±0.2	编号
B	17±0.2	识别

续表

模式	P1 和 P3 脉冲间隔/μs	用途
C	21±0.1	高度
D	25±0.1	备用

A 模式和 C 模式的询问信号载频为(1030±1)MHz，询问信号格式如图 2-19 所示。A 模式和 C 模式询问信号均采用脉冲幅度调制(PAM)，每个询问信号包含 3 个脉冲，即 P1、P2 和 P3，每个脉冲的宽度为(0.8±0.1)μs，其中 A 模式询问信号的 P1 脉冲下降沿与 P3 脉冲上升沿间隔为(8±0.2)μs，C 模式询问信号的 P1 脉冲下降沿与 P3 脉冲上升沿间隔为(21±0.2)μs，以 P1 脉冲的上升沿为起点至 P2 脉冲的上升沿间隔为(2±0.15)μs。其中，P2 脉冲是旁瓣抑制(side lobe suppression，SLS)脉冲，在询问机天线的询问波束主瓣区域内的应答机收到上述询问信号时，P2 脉冲幅度小于 P1 脉冲，应答机将进行应答。若应答机在询问波束主瓣区域外，P2 脉冲幅度大于 P1 脉冲，应答机将不应答该询问。仅 A/C 模式全呼询问信号的载频与 A/C 模式询问信号相同，为(1030±1)MHz，相当于在 ATCRBS 询问信号基础上增加了 P4 脉冲，P4 脉冲的起始位置位于 P3 脉冲上升沿后的(2±0.05)μs，P4 脉冲宽度为(0.8±0.1)μs。

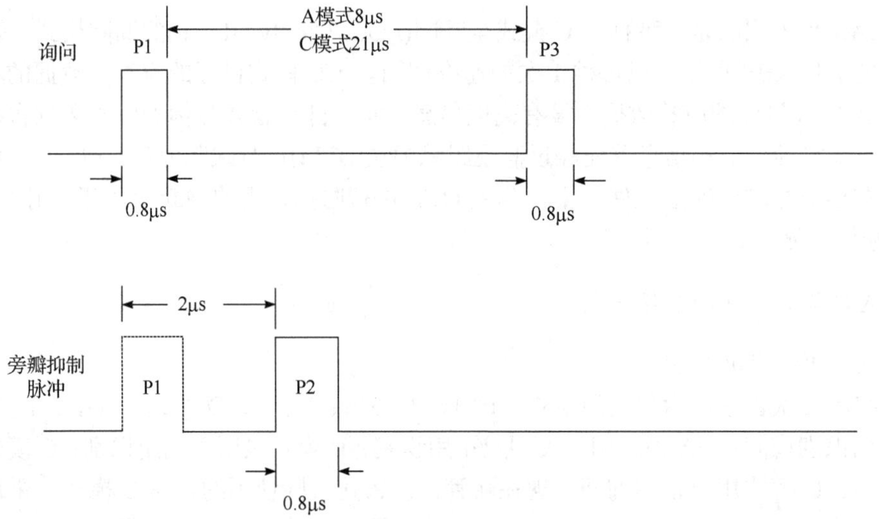

图 2-19　A/C 模式询问信号格式

上述 A/C 询问信号中各子脉冲幅度关系如下：

(1) P2 脉冲幅度与 P1 脉冲有明显不同；

(2) P3 脉冲幅度为 P1±1dB；

(3) P4 脉冲幅度为 P3±1dB。

2) A/C 模式应答格式

A 模式和 C 模式的询问应答信号格式是一致的，只是应答信号中信息代表的含义不同，A 模式询问应答为飞机气压高度，C 模式询问应答为飞机的 4096 身份码，应答信号的载频为(1090±1)MHz，采用的调制方式为脉冲幅度调制，应答信号格式如图 2-20 所示。

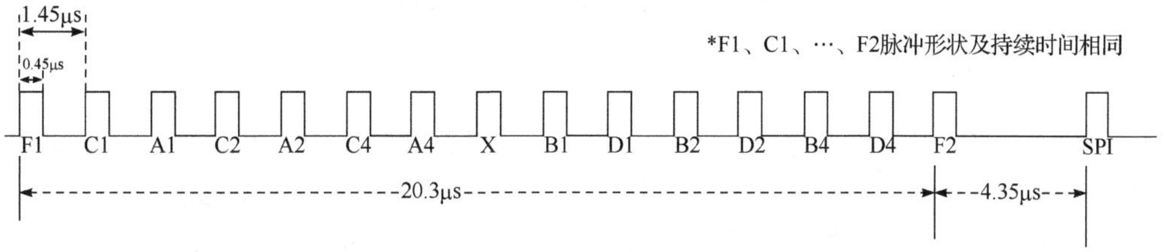

图 2-20　A/C 模式应答信号格式

A/C 模式应答信号中 F1 和 F2 为框架脉冲，以 F1 脉冲的上升沿为起点距 F2 脉冲的上升沿的间隔为 20.3μs。在 F1 和 F2 间隔内包含了 13 个信息脉冲 C1、A1、C2、A2、C4、A4、X、B1、D1、B2、D2、B4、D4，相邻脉冲间隔为 1μs，所有的应答脉冲宽度都为(0.45±0.1)μs，脉冲上升时间为 0.05～0.1μs，脉冲下降时间为 0.05～0.2μs，任意两个脉冲之间(不包括 F1)间隔容差为±0.1μs。每个脉冲相对幅度的变化不大于 1dB；X 脉冲为预留将来使用，除 X 脉冲外的 12 个脉冲代表了飞机的气压高度或 4096 身份码信息，具体定义如下。

(1) 识别应答码(询问模式)：

① 应答码信息位采用二-八进制编码；

② 12 个信息码分为 A、B、C、D 四组，由高位到低位的排列顺序为 A1、A2、A4、B1、B2、B4、C1、C2、C4、D1、D2、D4。

(2) 高度：

① 应答码信息位采用二-八进制编码；

② 12 个信息码分为 A、B、C、D 四组，由高位到低位的排列顺序为 D1、D2、D4、A1、A2、A4、B1、B2、B4、C1、C2、C4；

③ D1～B4 按格雷码(标准循环码)进行编码，最小高度步进 500ft；

④ C 组码为五周期循环码，最小高度步进 100ft；这样当 C 组码连续递增五次，标准循环码递增一次。SPI 为特殊位置识别脉冲，如果在监视区域内有两架飞机相隔比较近而地面无法区分时，将由飞行员在其中的一架飞机的 A/C 模式应答信号中添加 SPI 脉冲来区分邻近飞机。仅 A 模式和仅 C 模式全呼询问，应答机只接收，不作处理及应答。

2. C 模式的同步混扰

在交通密集的空域中(如机场附近)，信息的交互也会因为飞机数量的增多而变得更加复杂，因为随着飞机数量的增多，空中飞机的交通询问信号的速率也会大幅增加，而这些询问信号不论在时间上还是在频率上都有可能发生重叠现象，这将会导致信号干扰的问题，从而降低防撞系统的性能。

当全向天线发出一个全呼叫 C 模式询问后，所有接收到该询问的 A/C 模式应答机都将作出相应的应答，而由于应答脉冲序列长达 21μs，换算下来，即距离差为±1.7 n mile(3.15km)范围内所有装有 C 模式应答机的飞机产生的应答信号在时间上会交织在一起，从而形成同步混扰。因此在交通密集的空域中，因为飞机的数量不确定，很可能超过了 ACAS 对应答信号的解交织能力，这样会导致 ACAS 对入侵飞机的监视功能丧失可靠性，带来不可预知的后果，所以必须要解决同步混扰的问题。

3. 小声呼叫技术

针对同步混扰的问题，定向询问技术其实就可以直接有效地解决，ACAS X 采用 4 波束的定向天线对不同方位的飞机分别询问，只有在问询波束内的飞机才会产生相应的应答，这样同步混扰的概率直接降为全向询问的 1/4，效果如图 2-21 所示。

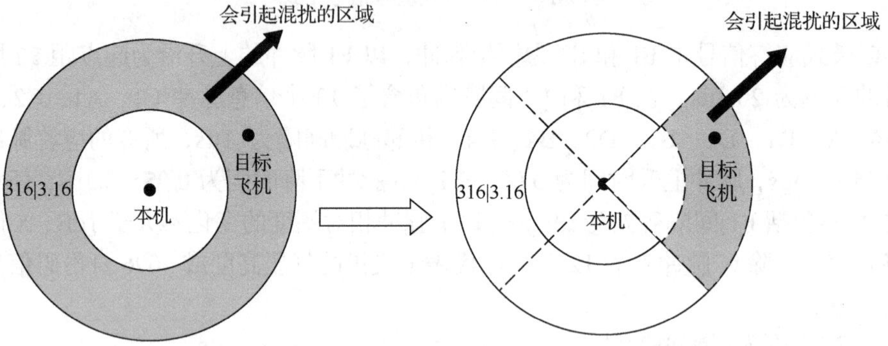

图 2-21　采用定向询问后会引起同步混扰区域的变化

ACAS X 除了采用定向询问技术外，还采用小声呼叫(W/S)技术来进一步解决同步混扰的可能。W/S 询问方法采用一系列可变化功率电平和抑制脉冲序列将包含 A/C 目标飞机的定向询问空域划分为多个子区域。

图 2-22 所示为前向波束的基本 W/S 序列，在该图中，该问询序列包含 6 个问询信号，除了功率最低的一个询问信号外，其余每个询问信号的开始都有一个抑制脉冲，每个询问信号的最短时间为 1ms，抑制脉冲与询问信号相隔 2μs，一个 W/S 询问序列在一个监视更新间隔时间内全部发出去，这样便将每个定向询问的区域进一步划分为一个个更小的区域，只有这些相对较小的区域接收到了相应的询问后才会作出应答，进一步降低了同步混扰的可能，效果如图 2-23 所示。

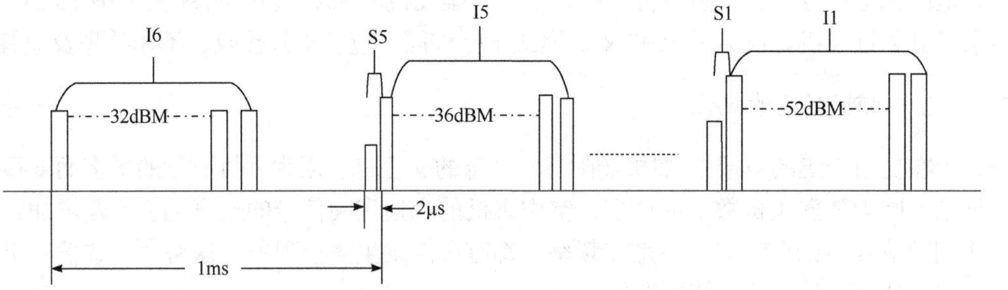

图 2-22　前向波束的基本 W/S 序列

根据空域中飞机的密集情况，W/S 询问方法中包含了三种 W/S 询问模式：单一呼叫、基本 W/S 序列和高分辨率 W/S 序列。它们分别对应无飞机空域、中密度空域和高密度空域。

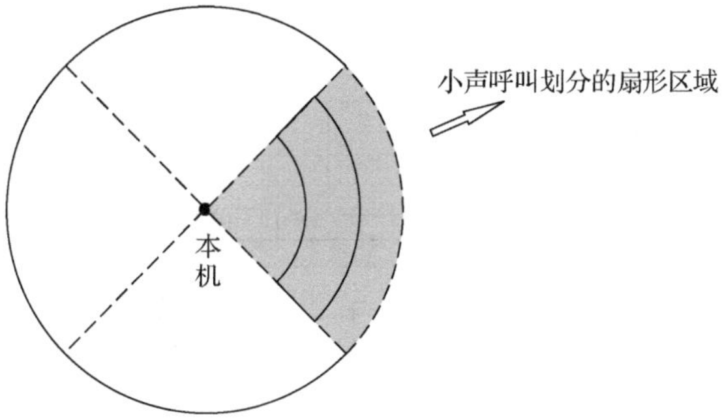

图 2-23　小声呼叫效果图

当每个监视周期开始时，ACAS X 将根据每个波束的可靠监视距离内预期的同步混扰电平来确定天线的各个波束中 W/S 序列询问模式的选择。

2.4.4　S 模式的监视

每架 S 模式的飞机，都有自己独一无二的 S 模式地址，根据该地址便可以直接对该 S 模式地址的飞机进行一对一询问，但在高密度空域中，这种一对一询问模式会使得监视情况更为复杂。这是因为在高密度空域中，S 模式飞机数量的增加，会直接导致飞机端对端询问信号的速率急剧增加，从而对已存在的 ATC 通信空域造成强烈干扰。所以对 S 模式监视的主要需求是在高密度空域内提供足够的空中防撞保护的同时仅对那些有可能成为威胁飞机的目标进行询问跟踪。

1. S 模式询问和应答格式

ACAS X 在进行通信时，主要与 S 模式应答机和 ATCRBS 应答机进行通信，包括空对空通信和空对地通信。图 2-24 给出 ACAS X 进行通信时数据链路的使用情况。

图 2-24 中，ACAS X 所使用的 S 模式报文类型有两种：对询问信号而言，称为 UF(上行格式)；对应答信号而言，称为 DF(下行格式)。每个 S 模式发射信号包含两个重要字段：第一个重要字段是格式描述，它出现于每个发射信号的起始部位，表示上下行数据链路类型；第二个重要字段为 24bit，它包含基于奇偶重叠的 S 模式地址或地面询问机的身份码(地址)，该字段称为 AP(地址/奇偶)或 PI(奇偶/身份)并位于发送信号末端。ACAS X 使用的 UF 与 DF 编码如图 2-25 和图 2-26 所示。

ACAS X 询问机采用 S 模式上行链路格式 UF=0, 16 和 S 模式下行链路格式 DF=0, 16 进行空-空通信。专用的短(56bit)监视询问和应答(UF=0，DF=0)用作空-空监视。专用的长(112bit)监视询问和应答(UF=16，DF=16)用作空-空协调和通信。DF=11 的应答较独特，它涉及空-空和地-空监视。

1) 协调

TCAS 采用 UF=16, DF=16 的询问和应答，通过空-空传输完成 ACAS 协调。当 ACAS 飞机认为另一架 ACAS 飞机是威胁机时，将会每秒启动一次与威胁机的协调询问/应答顺序。询问由 ACAS 主机发出，而威胁机的 S 模式应答机则接收询问；然后威胁机的 S 模式应答机把协调信息传给其 ACAS 主机，用于协调通信的 UF=16 询问消息的 56bit 字段

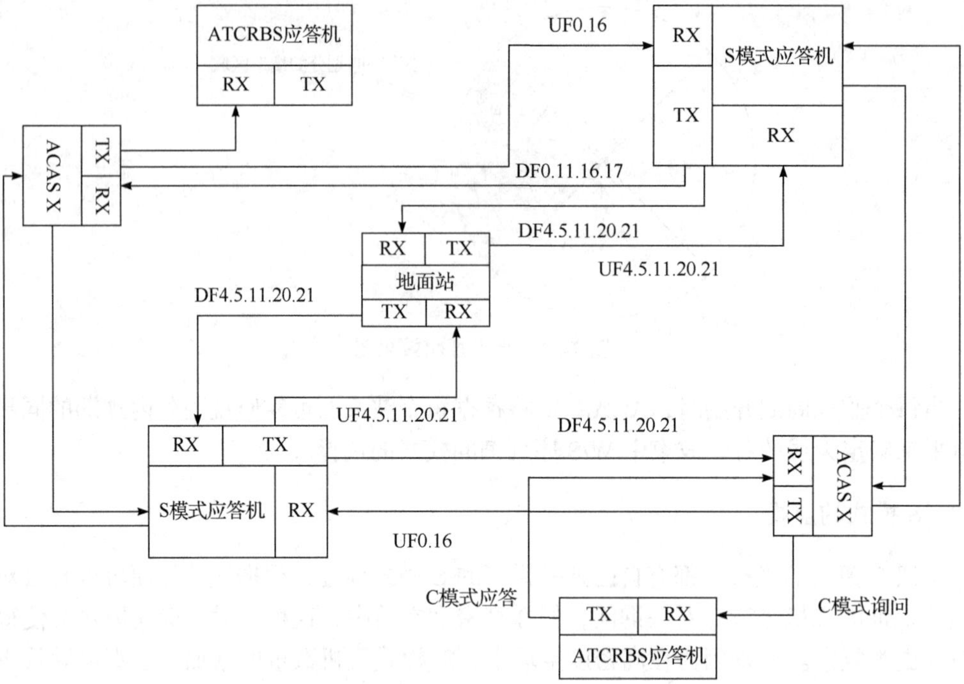

图 2-24　ACAS X 通信数据链路使用

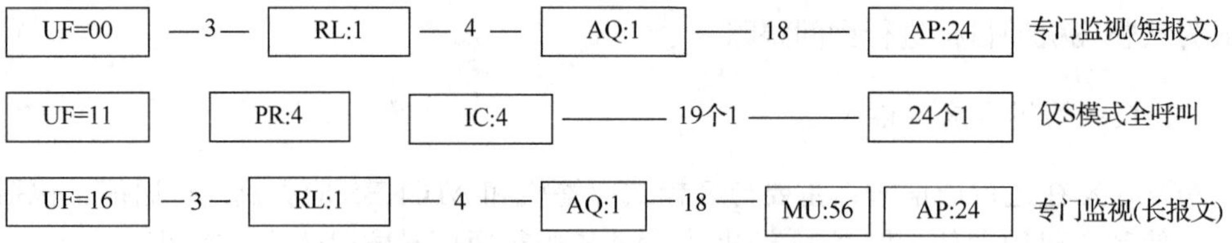

图 2-25　ACAS X 使用的上行链路格式

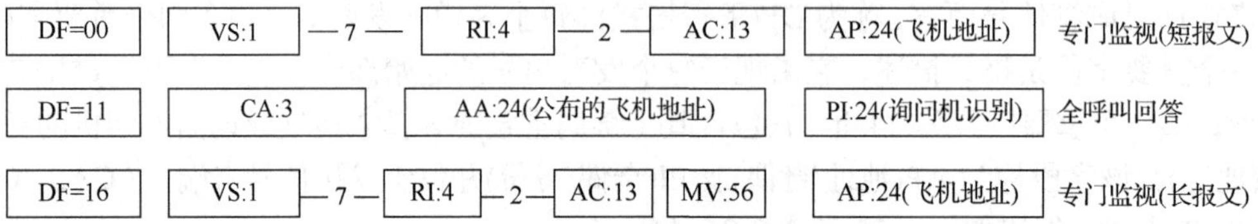

图 2-26　ACAS X 使用的下行链路格式

含有 ACAS 的咨询信息，该字段中包含了互补的垂直咨询(vertical resolution for complementation, VRC)，用来限制接收到该消息的威胁机对垂直方向的选择。

2) ACAS 广播询问消息

ACAS 同时也会使用 UF=16 询问来发射 ACAS 广播询问消息。这时，56bit 的消息字段含有 ACAS 的本机地址。ACAS 飞机通过发射 ACAS 广播询问消息向邻近的 ACAS 飞机告知本机的存在。ACAS 广播询问由 ACAS 主机每 8～10s 发射一次，在接收范围内被每一架装备 ACAS 的飞机的 S 模式应答机接收。然后接收应答机把该消息传给其 ACAS

主机，此消息用于干扰抑制过程。接收 ACAS 广播询问消息的飞机的应答机不回答该 ACAS 广播询问。

3) RA 广播询问消息

UF=16 询问也用来发射分析咨询 RA 广播询问信号。这些询问在 RA 有效时，每 8s 由 ACAS 主机发射，这样可以在 S 模式地面站监视范围之外的区域，通过采用特殊 RA 广播信号的地面接收机监视 RA 的活动情况。RA 广播询问定义为上行链路发射，但通常发射给地面设备。在 RA 广播询问中，56bit 消息描述了最近 8s 的 RA 信息字段，同时也含有 S 模式应答机发射的最近模式 A 和模式 C 代码。

4) 监视

S 模式捕获电文(DF11 应答)由 S 模式应答机每秒一次自动按规定发射。一个捕获电文(DF11 消息)含有飞机的 24 位 S 模式地址(即奇偶校验没有覆盖该地址)，且允许接收到捕获电文的 ACAS 飞机通过获得的 S 模式地址来启动对该飞机的监视。收到捕获电文之后，ACAS 飞机将使用监视询问(UF0)进行探测，然后跟踪该 S 模式飞机。接收到监视询问的飞机的 S 模式应答机用 DF0 进行应答，DF0 应答消息中含有垂直状态(VS)、灵敏度等级(SL)、能力(RI)和高度信息。ACAS 主机周期性地向 S 模式应答机报告 DF0 应答消息中会使用到的当前灵敏度等级和操作能力。DF17 应答等同于 DF11 应答，但增加了 56bit 信息字段，可传输多种信息(如飞机的 GPS 位置)。一些 S 模式应答机会自动发射 DF17 格式的消息。注意，对于这些应答机，DF17 扩展电文是增加的，而不是取代 DF11 捕获电文。接收 DF17 扩展电文作为 ACAS 的一个可选项，目前大多数国外 ACAS 设备支持对 DF17 的侦听。ACAS 要监视 ATCRBS 装备的飞机，ACAS 发射仅 C 模式全呼叫询问(P1 和 P3 间隔 21μs 来触发一个 C 模式(高度)应答，而跟随一个 P4 短脉冲(0.8μs)以阻止 S 模式应答机应答)。

5) 无线数据链路中字段含义

TCAS 与 S 模式应答机之间的无线数据链路传递信息，在每个数据链路中含有不同的字段，每个字段表示不同的含义。通过对字段含义的定义和使用来传递不同的信息。无线数据链路中常用的字段及含义见表 2-26。

表 2-26　字段含义表

序号	名称	字段含义作用
1	通告的 AA 地址	该 24bit(9～32 位)的下行链路字段包含飞机地址，用于 DF=11 中，全呼叫应答，扩展电文 DF=17 中
2	AC 高度编码	AC 字段(短与长专用监视应答，高度监视应答，高度 Comm-B 应答中的 20～32 位)包含飞机的高度编码值
3	专用监视询问 AQ 探测	该字段出现在专用监视 UF=0 和 UF=16 消息中。该字段用以指明 UF=0 或 UF=16，询问消息用作探测信号
4	BDS 数据选择	该字段出现在专用短监视格式 UF=0 中。含地面启动的 Comm-B 寄存器身份标识，它要求在应答消息的 MV 字段
5	CA 能力	该字段报告应答机能力，它用于 DF=11 全呼叫应答和 DF=17 扩展电文
6	CC 交联能力	该字段出现在专用短监视格式 DF=0 中，用以表明应答机支持交联能力

续表

序号	名称	字段含义作用
7	ME 报文扩展电文	该字段出现在扩展电文 DF=17 中，发送飞机位置与飞机身份信息
8	MU Comm-U 报文	该字段出现在专用长监视格式 UF=16 中，并被机载 TCAS Ⅱ设备用来发送三类报文： (1) 空-空协调的 TCAS RA 消息； (2) ACAS 广播询问消息； (3) RA 广播询问消息
9	MV Comm-V 报文	该字段出现在专用长监视格式 DF=16 中，并被 S 模式应答机用来向请求应答的 ACAS 飞机发送协调应答报文
10	RI 空-空应答信息	该字段出现在专用监视格式 DF=0, 16。本字段包含有关应答飞机的信息
11	RL 应答长度	该字段出现在专用监视格式 UF=0, 16 中，本字段指定一个不依赖于上行链路格式的专用空-空应答格式(短或长)
12	VS 垂直状态	该字段出现在专用监视格式 DF=0, 16 中，表明飞机垂直状态

部分字段的编码规则如表 2-27 所示。

表 2-27　编码规则表

字段	含义	编码
RL:1	应答长度	0 表示用 DF=0 应答； 1 表示用 DF=16 应答
VS:1	垂直状态	0 指示飞行器在空中； 1 指示飞行器在地面
CC:1	交联能力	0 表示应答机不支持交叉连接能力； 1 表示应答机支持交叉连接能力
RI:4	应答信息	应当报告飞行器的最大巡航真空速能力和对飞行器询问的应答类型
CA:3	应答能力	(1) 空地状态指示为地面状态时，CA 设置为 4； (2) 空地状态指示为空中状态时，CA 设置为 5； (3) 当没有自动确定空地状态的手段时，CA 设置为 6； (4) 当 DR=0 时，飞机存在下行语求，或 DR=0，FS=2, 3, 4, 5，无论处于空中还是地面，状态 CA 设置设为 7
RI	空-空应答信息	(1) 没有可用的最大巡航空速数据，RI 设置为 8； (2) 最大巡航空速小于等于 75 kn，RI 设置为 9； (3) 最大巡航空速大于 75kn，小于等于 150kn，RI 设置为 10； (4) 最大巡航空速大于 150kn，小于等于 300kn，RI 设置为 11； (5) 最大巡航空速大于 300kn，小于等于 600kn，RI 设置为 12； (6) 最大巡航空速大于 600kn，小于等于 1200kn，RI 设置为 13； (7) 最大巡航空速大于 1200kn，RI 设置为 14
VS	垂直速度	为空中状态，设置 VS 为 0； 为地面状态，设置 VS 为 1
AC	高度字段	AC 字段的编码顺序为 C1、A1、C2、A2、C4、A4、M、B1、Q、B2、D2、B4、D4 的序列，译码顺序为 C1、A1、C2、A2、C4、A4、B1、B2、D2、B4、D4。在 AC 字段中，M 脉冲(第 7 位)表示高度单位。目前，M 固定为 0，表示单位是英尺。Q 脉冲(第 9 位)代表高度编码方式，Q=0 时，为格雷码编码，方式与 C 模式高度编码相同。Q=1 时，为二进制编码，增量为 25ft，编码范围为−1000～50175ft

2. S 模式监视功能的体系结构

ACAS X 的 S 模式监视功能将监视到的 S 模式目标划分为三种状态，分别是断续振荡监视状态(squitter-monitor state)、航迹探测状态(acquisition state)和航迹建立状态(track state)。在接收到断续振荡信号(DF11)或 S 模式串扰信号(DF0/DF4)后，随着目标威胁程度的增加，目标的状态将从断续振荡监视状态转换到航迹探测状态再转换到航迹建立状态，各监视状态的具体转换图如图 2-27 所示。

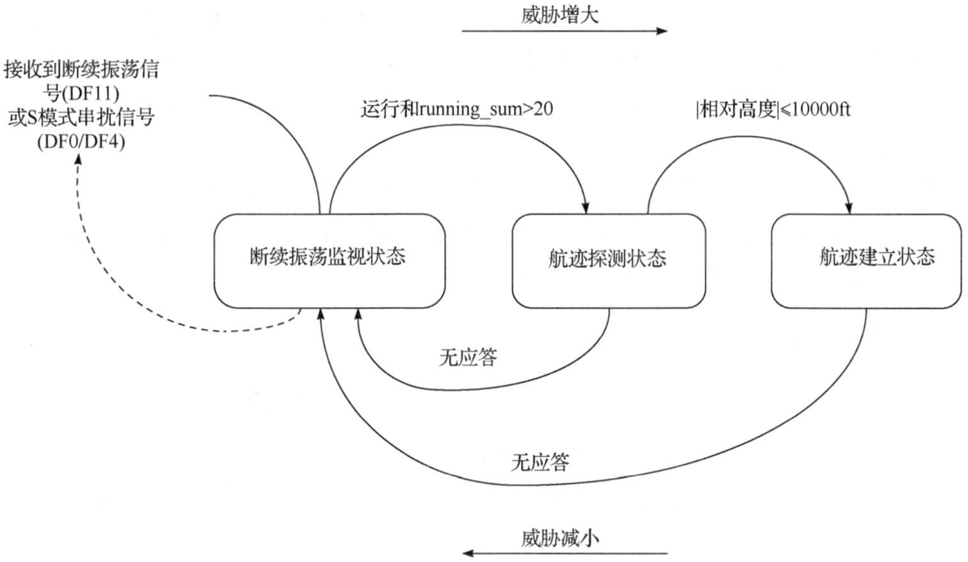

图 2-27　S 模式目标监视的状态转换图

对装备 S 模式应答机的 ACAS X 飞机进行的监视跟踪过程：首先是通过侦听 S 模式应答机每秒广播发射的断续振荡信号来获取对方飞机的 S 模式地址，广播的断续振荡信号不需要应答。一旦针对某一个 S 模式地址的目标飞机 ACAS X 获得足够的断续振荡信号，对该 S 模式目标的监视将变为探测状态，这时 ACAS X 应对处于航迹探测状态的 S 模式飞机发送探测询问，以获取更多的目标信息。航迹探测状态是一个中间转移状态，根据探测询问的结果，S 模式飞机可以转移到断续振荡监视状态或航迹建立状态。一旦对 S 模式飞机的探测询问的结果显示出该 S 模式飞机是潜在的威胁，则立即进入航迹建立状态，对该目标在每个监视周期内进行跟踪询问，接收目标数据并建立对应的航迹，然后送往防撞逻辑模块进行判断和处理。

如图 2-27 所示，在 S 模式目标监视的状态转换图中，ACAS X 的 S 模式监视功能由三个相互关联的状态组成。根据 S 模式地址，将初次接收到有效断续振荡信号(DF11)的 S 模式飞机赋予断续振荡监视状态，直到对该 S 模式飞机的非本机请求发送的信号(包括断续振荡信号 DF11 和 S 模式串扰信号 DF0/DF4)的接收率能够做出以下决策。

(1) ACAS X 对非本机请求发送信号的接收率极低，表明该 S 模式飞机距离本机太远，不是潜在的威胁。这时应将该目标 S 模式地址从系统中清除掉。

(2) ACAS X 对非本机请求发送信号的接收率足够高，表明该 S 模式飞机可能是潜在的威胁，且空中监视链路可靠。这时该 S 模式飞机应立即转移到航迹探测状态，对其进行探测询问，确定它的高度和相对距离信息。

对处于航迹探测状态的 S 模式飞机应进行探测询问，直到能够做出以下决策。

(1) 接收到有效的应答信号，如果与本机的相对高度在 10000ft 内，则立即转移到航迹建立状态；如果与本机的相对高度在 10000ft 以外，表明该 S 模式飞机目前尚未构成威胁，仍保留在航迹探测状态，通过接收到的该目标飞机的 S 模式串扰信号(DF0/DF4)或对该目标飞机发送探测询问，对其高度进行监视。

(2) 没有接收到探测询问的应答信号，经重复询问后也未能接收到应答信号，表明该目标飞机距离本机越来越远，威胁程度也在逐渐降低。这时该 S 模式飞机应转移到断续振荡监视状态，否则持续的主动询问会导致干扰限制流程，以致降低本机发送的询问功率，从而减小 CAS 逻辑的保护范围。

当 S 模式目标处于航迹建立状态时，应对该 S 模式飞机发送周期性的跟踪询问，在接收了跟踪询问的应答信号后，对目标进行状态建模与估计，并建立该目标的航迹，然后将航迹信息送往防撞逻辑模块进行判断和处理。

3. S 模式监视功能的设计要求

表 2-28～表 2-30 分别给出了各个 S 模式监视跟踪状态所需的跟踪文件信息。

表 2-28　断续振荡监视状态所需的跟踪文件信息

ID	S模式地址信息	ID	S模式地址信息
T	测量时间	c	运行和的增量
running_sum	该S模式飞机的运行和	j	探测询问失败计数
h	相对高度	k	航迹清除周期计数

表 2-29　航迹探测状态所需的跟踪文件信息

ID	S模式地址信息	ID	S模式地址信息
T	测量时间	VS	该S模式飞机是否在地面
running_sum	该S模式飞机的运行和	AN	上下天线指示
h	相对高度	i	重复探测询问计数
R	相对距离	j	探测询问失败计数

表 2-30　航迹建立状态所需的跟踪文件信息

ID	S模式地址信息	ID	S模式地址信息
T	测量时间	AN	上下天线指示
h	相对高度	i	重复跟踪询问计数
R	相对距离	NT	初始航迹标识
Rv	相对距离变化率	SF	监视模式标识(正常/简化)
VS	该S模式飞机是否在地面	TAU	潜在威胁的TAU时间

当 ACAS X 飞机接收到非本机请求发送的信号(包括断续振荡信号(DF11)和 S 模式串扰信号(DF0/DF4))时，按表 2-31 给出的要求进行处理。ACAS X 监视功能对断续振荡监视状态的处理基于统计决策理论中序贯概率比校验的方法，对是否做出状态的转移进行决策。检验参数设置为运行和增量 16、运行和上限 20、下限−20，当 ACAS X 对 S 模式飞机的断续振荡信号探测概率大于 1/8 时，该 S 模式飞机将以至少 90%的概率从断续振荡监视状态转移到航迹探测状态；而当 ACAS X 对 S 模式飞机的断续振荡信号探测概率低于 1/50 时，该 S 模式飞机将以至少 90%的概率被系统清除掉。

表 2-31　接收到非本机请求发送的信号时 S 模式监视跟踪状态的转移

S模式飞机的当前状态	处理流程	处理条件	新状态
未知	running_sum=0	接收到一个有效的DF11	断续振荡监视状态
断续振荡监视状态	running_sum+c	running_sum>20或暂时保留的已删除航迹	航迹探测状态
		running_sum≤20	不改变状态
航迹探测状态	running_sum+c		不改变状态
航迹建立状态	无操作		不改变状态

每个监视周期对 S 模式飞机的处理要求如表 2-32 所示。

表 2-32　每个监视周期对 S 模式飞机的处理要求

当前状态	处理流程	处理条件	新状态
断续振荡监视状态	接收到有效的DF11、DF0或DF4、running_sum+c。根据探测询问失败计数j设置运行和增量c	running_sum>20或暂时保留的已删除航迹	航迹探测状态
		running_sum≤20	不改变状态
	没有接收到有效的DF11、DF0或DF4、running_sum−1、航迹清除周期计数k+1；删除该S地址	running_sum≤20或k≤4	不改变状态
		running_sum<−20或k>4	未知(unknown)
航迹探测状态	通过异步串扰信号DF0或DF4监视S模式飞机的高度；或没有接收到异步串扰信号，则每10s发送一次探测询问	相对高度>10000ft	不改变状态
	发送探测询问，获取高度和相对距离信息	相对高度≤10000ft，或没有高度信息	
	探测询问失败，重复探测询问。根据重复探测询问计数i进行天线切换	i>6	断续振荡监视状态
	探测询问成功。对地面的S模式飞机通过异步串扰信号DF0或DF4监视S模式飞机的高度；或没有接收到异步串扰信号，则每5s发送一次探测询问	相对高度≤1000ft且VS=0	航迹建立状态
		VS=1	不改变状态

续表

当前状态	处理流程	处理条件	新状态
航迹建立状态	发送跟踪询问，获取S模式飞机的高度和相对距离信息，并计算TAU		
	根据NT标识建立初始航迹	4个监视周期内接收到至少2个应答信号(可以包括探测询问的应答信号)且应答信号满足距离和高度相关条件	不改变状态
	跟踪询问失败，重复跟踪询问。根据重复跟踪询问计数i进行天线切换	$i>6$(正常监视)或$i>10$(简化监视)	断续振荡监视状态
	跟踪询问成功，对已建立的S目标航迹进行跟踪询问，至少每5个监视周期发送一次跟踪询问。对连续5个监视周期均指示在地面的S模式飞机，则删除航迹	如果TAU<60s，正常监视周期(1s询问一次)；如果TAU>60s，且本机和S模式飞机的相对高度都小于18000ft，简化监视(5s询问一次)	不改变状态
		连续5个监视周期VS=1	断续振荡监视状态

2.4.5 ACAS Xu 的功能特点

ACAS Xa 除了被动监视外，还结合全局威胁解脱逻辑，采用主动监视与协调手段，旨在取代 TCAS Ⅱ和 ACAS Ⅱ。ACAS Xo 与 ACAS Xa 使用相同的监视方式，但是在协调方面略有调整，结合全局和特定场景的威胁解脱逻辑，可适配特定 ATC 逻辑(如近距平行运行)。

ACAS Xu参考RTCA DO-365B提供重获净空(regain well-clear，RWC)和避撞(collision avoid，CA)功能。ACAS Xu 不提供交通咨询(traffic advisory，TA)功能。ACAS Xu 的决断咨询(resolution advisory，RA)是 DAA 警报和指导的三个不同组成部分的合并：警告警报、RWC 指导和 RA。ACAS Xu 通过利用应答机应答、ADS-B 信息和非合作传感器的监视信息，并独立于地面辅助设备和 ATC 运行。配备 ACAS Xu 的飞机能够询问机载应答机，接收 ADS-B 信息，使用非合作监视来确定附近其他飞机的位置并评估碰撞风险。

ACAS Xu 是 ACAS Xa/Xo 系统的扩展，但在以下关键方面有所不同：

(1) ACAS Xu 除了提供 CA 功能外，还提供 RWC 功能，但 ACAS Xu 不提供 TA；

(2) ACAS Xu 在水平面和垂直面上使用警报和引导；

(3) ACAS Xu 能够使用非合作监视输入作为其威胁解决逻辑的一部分；

(4) ACAS Xu 显示和听觉要求包含在单独的文件中。

2.5 非合作感知技术

2.5.1 毫米波雷达

毫米波雷达是工作在毫米波(millimeter wave)波段探测的雷达。通常毫米波是指 30～

300GHz 频域(波长为 1～10mm)的电磁波。毫米波的波长介于微波和厘米波之间，因此毫米波雷达兼有微波雷达和光电雷达的一些优点。其中，测速可以直接根据发射波和回波的多普勒频移获得，而测距无法直接获得(以脉冲波为例，30m 目标往返时间为 2×10^{-7}s，对芯片处理速度的要求很高)，因此目前主要通过调频连续波(frequency modulated continuous wave，FMCW)的发射和回波信号联合解算进行测距和测试。FMCW 技术和脉冲雷达技术是两种在高精度雷达测距中使用的技术。其基本原理为发射波是高频连续波，其频率随时间按照三角波规律变化。

1. 发展历程

毫米波雷达的研制是从 20 世纪 40 年代开始的，50 年代出现了用于机场交通管制和船用导航的毫米波雷达(工作波长约为 8mm)，显示出高分辨力、高精度、小天线口径等优越性。但是，由于技术上的困难，毫米波雷达的发展一度受到限制。这些技术上的困难主要是：随着工作频率的提高，功率源输出功率和效率降低，接收机混频器和传输线损失增大。20 世纪 70 年代中期以后，毫米波技术有了很大的进展，研究人员研制成功一些较好的功率源：固态器件如雪崩二极管和耿氏效应振荡器；热离子器件如磁控管、行波管、速调管、扩展的相互作用振荡器、返波管振荡器和回旋管等。脉冲工作的固态功率源多采用雪崩二极管，其峰值功率可达 5～15W。磁控管可用作高功率的脉冲功率源，峰值功率可达 1～6kW 或 1kW，效率约为 10%。回旋管是一种新型微波和毫米波振荡器或放大器，在毫米波波段可提供兆瓦级的峰值功率。在低噪声混频器方面，肖特基二极管混频器在毫米波段已得到应用，在 100GHz 频率，低噪声混频器噪声温度可低至 500K(未制冷)或 100K(制冷)。此外，在高增益天线、集成电路和鳍线波导等方面的技术也有所发展。20 世纪 70 年代后期以来，毫米波雷达已经应用于许多重要的民用和军用系统中，如近程高分辨力防空系统、导弹制导系统、目标测量系统等。

从 2017 年加特兰第一代产品研发出来之后，学者们就开始了 AiP 相关的研发。2018 年，加特兰第一代的 AiP 就和 Alps 当时的样片 SoC 同时问世，实现了毫米波雷达业界通道数量最多的 AiP 的设计。经历了四代的迭代和优化，AiP 在 2020 年正式进入量产。2021 年，加特兰微电子在成功量产了第二代 SoC 系列产品后，又率先在 AiP 技术上实现了突破。在汽车舱内，利用毫米波传感器还可以通过手势对车上的娱乐系统进行控制。雷达还可以探测到人的呼吸、心跳带来的身体表面的微动，通过微动，可对驾驶员的生命体征进行探测，也可探测车舱内是否有人或者宠物。相较于摄像头，使用毫米波雷达还能够很好地解决隐私问题。使用 AiP 的传感器尺寸更小，也更易装在车顶灯或者后视镜的位置。在工业领域，AiP 产品的诞生将为智能家居、安防监控等领域带来更多的可能性。图 2-28 是一款 Anteral 公司生产的基于 AWR1843 芯片的毫米波雷达。

2. 原理

FMCW 雷达是在连续波雷达系统的基础上发展起来的，与连续波雷达系统相比，主要差异是频率源，调频连续波雷达系统的发射信号是在时间上按某一调制规则改变的信号，如周期性的正弦调频信号、周期性的三角调频信号、周期性的锯齿调频信号等。

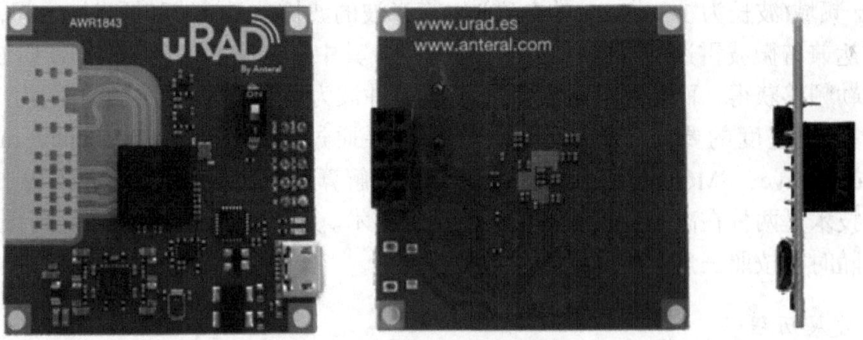

图 2-28　毫米波雷达实物图

FMCW 雷达工作时，压控振荡器(voltage controlled oscillator，VCO)产生具有一定带宽且固定波形的调频信号，该调频信号经过放大器后由发射天线向外辐射出去。信号遇到被测目标产生反射，接收天线接收到该回波信号后，通过放大器将信号放大并输入混频器进行混频处理，得到差频信号，差频信号经过放大后输入信号处理器，信号处理器将差频信号中包含被测目标相关的距离、速度、位置信息提取出来。图 2-29 为简单的调频连续波雷达系统框图。

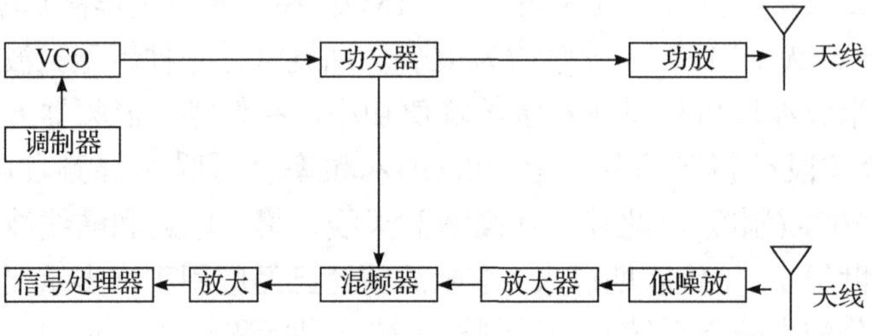

图 2-29　简单调频连续波雷达系统框图

FMCW 雷达的调频方式有很多种，主要的调频方式有三角波调频、锯齿波调频、平方率调频、正弦波调频等。下面以三角波调频连续波雷达测距原理为例，介绍 FMCW 雷达的测距、测速原理。

设发射信号频率为周期性三角波形调制的调频波，三角波调频雷达信号频率-时间变化规律如图 2-30 所示。图中 t_r 是两个连续峰值之间的时间差，同时也是雷达发射信号到目标，再从目标返回接收机的来回时间差。若雷达发射机和接收机放在同一位置，则雷达与被测目标之间的距离为 $R = ct_r / 2$ 。T_m 为调制周期，调制的频率为 $f_m = 1/T_m$ ，发射频率调制的最大频偏为 $2\Delta f$ ，即发射信号的调频带宽为 $B = 2\Delta f$ 。

发射信号频率 f_t 和静止目标回波信号频率 f_r 可以分别写为

$$\begin{cases} f_t = f_0 + \dfrac{\mathrm{d}f}{\mathrm{d}t}t = f_0 + \dfrac{\Delta f}{T_m/4}t \\ f_r = f_0 + \dfrac{\mathrm{d}f}{\mathrm{d}t}t = f_0 + \dfrac{\Delta f}{T_m/4}\left(t - \dfrac{2R}{c}\right) \end{cases} \tag{2-28}$$

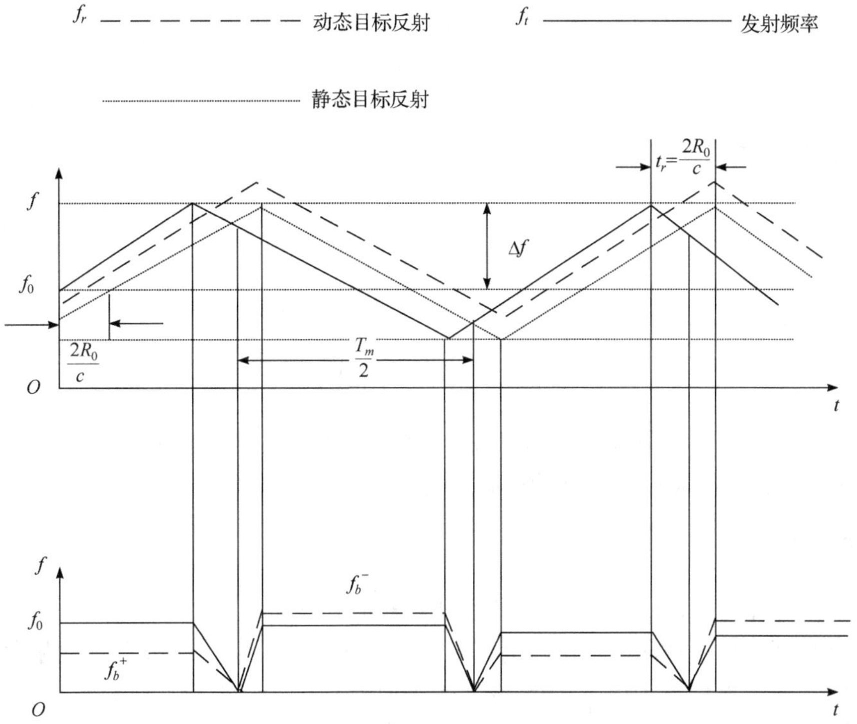

图 2-30　三角波调频雷达信号频率-时间变化规律图

由几何关系可得两条曲线之间的瞬时频差 f_b：

$$f_b = f_t - f_r = \frac{8\Delta f\, R}{cT_m} \tag{2-29}$$

可以推导出静止目标到雷达的距离 R：

$$R = \frac{c}{8\Delta f}\frac{f_b}{f_m} \tag{2-30}$$

当反射回波信号来自运动的目标时，假设该运动目标与雷达的距离为 R，径向速度为 v_r 时，则其回波信号的频率为

$$f_r = f_0 \pm \frac{\Delta f}{T_m / 4}\left(t - \frac{2R}{c}\right) + f_d \tag{2-31}$$

f_d 为目标的多普勒频率，正、负号分别表示调制波的前后半周期正、负斜率的情况。在前半周期的回波信号与入射波信号的差频为

$$f_b^+ = f_t - f_r = \frac{8\Delta f\, R}{cT_m} - f_d \tag{2-32}$$

在后半周期的回波信号与入射波信号的差频为

$$f_b^- = f_r - f_t = \frac{8\Delta f\, R}{cT_m} + f_d \tag{2-33}$$

由多普勒频移原理可知：

$$f_d = \frac{2fv}{c} \tag{2-34}$$

可以推导出运动目标到雷达的距离 R：

$$R = \frac{c}{8\Delta f}\frac{f_b^+ + f_b^-}{2f_m} \tag{2-35}$$

式中，f_m 为信号的中心频率。如果分别测出 f_b^+ 和 f_b^-，就可以求得目标的径向速度 v_r：

$$v_r = \frac{\lambda}{4}(f_b^+ - f_b^-) \tag{2-36}$$

综上，在目标静止的情况下有 $f_b^+ = f_b^-$，可以通过测量发射信号和接收回波信号的 f_b^+ 和 f_b^- 来确定目标距离 R 以及目标的径向速度 v_r。

3. 应用需求

根据毫米波雷达的特点，它容易满足以下的应用需求。

(1) 高精度多维搜索测量：进行高精度距离、方位、频率和空间位置的测量定位。

(2) 雷达安装平台有体积、重量、振动和其他环境的严格要求：毫米波雷达天线尺寸小、重量轻，容易满足便携、弹载、车载、机载和星载等不同平台的特殊环境要求。

(3) 目标特征提取和分类识别：毫米波雷达高分辨力、宽工作频带、大数值的多普勒频率响应、短的波长易获得目标细节特征和清晰轮廓成像等特点，适于目标分类和识别的重要战术要求。

(4) 小目标和近距离探测：毫米波段波长对应的光学区尺寸较小，相对微波雷达更适于小目标探测。除特殊的空间目标观测等远程毫米波雷达外，一般毫米波雷达适用于30km 以下的近距离探测。

(5) 抗电子干扰性强：毫米波窗口可用频段宽，易进行宽频带扩频和跳频设计。同时针对毫米波雷达的侦察和干扰设备面临宽频带、大气衰减和窄波束等干扰难题，毫米波雷达相对微波雷达具有更好的抗干扰能力。

毫米波雷达具有穿透雾、烟、尘的能力，体积小、集成度高、传感灵敏。因此，它可以应用于各种天气类型和时间，并满足无人驾驶航空器平台、直升机和小型飞艇的要求。毫米波雷达在无人驾驶航空器上的应用主要包括毫米波雷达高度计和避障毫米波雷达，无人驾驶航空器 1+2 雷达系统框架如图 2-31 所示。

1) 毫米波雷达高度计

无人驾驶航空器测高仪分为绝对高度测量高度计和相对高度测量高度计两种。绝对高度测量高度计包括 GPS 和气压计，其获得相对于海平面的绝对高度。相对高度测量高度计是测量无人驾驶航空器平台与地平面的相对高度。

相对高度测量高度计一般用于低空无人驾驶航空器平台，可根据地形自动设置高度，调整高度，实现仿真飞行。相对高度测量高度计主要包括高超声高度计、激光雷达高度

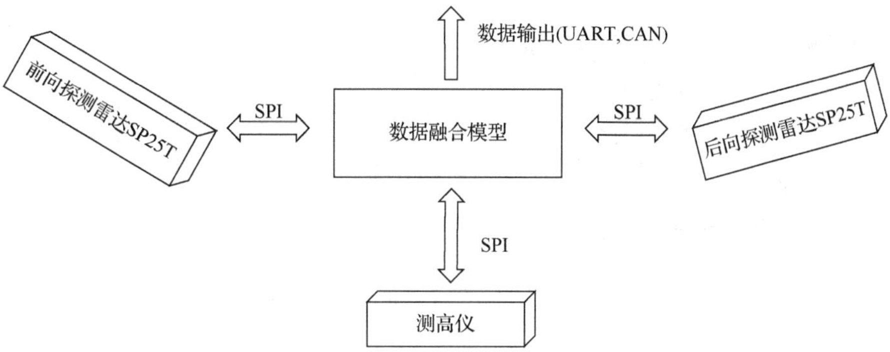

图 2-31　无人驾驶航空器 1+2 雷达系统框架

计和毫米波雷达高度计。其中毫米波雷达高度计发射毫米波进行距离测距，可以穿透雾、烟和灰尘。它具有体积小、集成度高、传感能力灵敏、不受照明影响，可实现全天候、全天应用的优点。

如图 2-32 所示，毫米波雷达高度计的典型应用是植保无人驾驶航空器。通过高度计的安装，植保无人驾驶航空器可以在作物上方实现 1～2m 的固定飞行高度，并且不受雾气的影响。同时，通过均匀高效的农药喷施，实现了更高的精度(高度误差为±10cm)，满足了农药喷洒的距离要求。

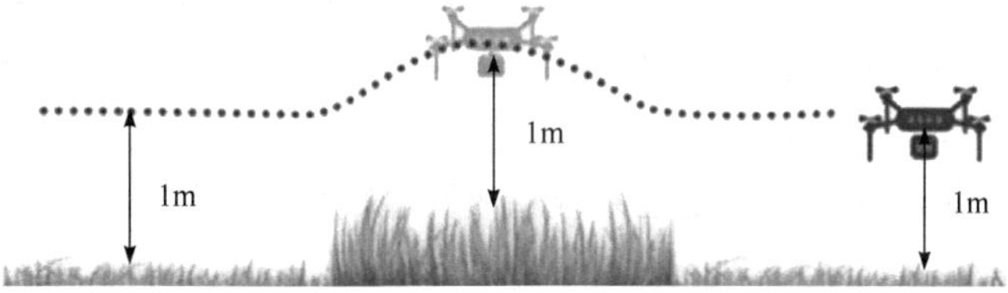

图 2-32　毫米波雷达高度计

2) 毫米波避障雷达

目前，有基于视觉图像、超声波雷达或激光雷达的自动避障系统。但是，这些传感器存在一些缺陷。例如，激光雷达传感器的成本太高，超声波雷达传感器的工作距离有限，容易受到干扰。

视觉图像传感器在光线不足情况下的检测性能大大降低，对图像处理器的性能要求很高。毫米波雷达的探测距离是超声波的 5 倍，探测距离可达 100m。毫米波雷达的小尺寸、高分辨率和低功耗完全满足无人驾驶航空器对尺寸和功耗的苛刻要求。同时，它具有很强的抗干扰能力，受天气影响小。它最多可以实现 32 个目标，非常适合作为避障传感器。

经过实际测试，配备毫米波避障雷达的无人驾驶航空器可以在包含高压线、建筑物和道路的环境中飞行，如图 2-33 所示。毫米波避障雷达系统可以很好地探测毫米级传输电缆，从而解决无人驾驶航空器的安全问题。

图 2-33　无人驾驶航空器毫米波避障雷达

2.5.2　激光雷达

1. 发展历程

激光探测及测距系统(light detection and ranging，LiDAR)也称 Laser Radar 或 LADAR(laser detection and ranging)，用激光器作为发射光源，是采用光电探测技术手段的主动遥感设备。激光雷达是激光技术与现代光电探测技术结合的先进探测方式。由发射系统、接收系统、信息处理等部分组成。发射系统由各种形式的激光器，如二氧化碳激光器、掺钕钇铝石榴石激光器、半导体激光器及波长可调谐的固体激光器，以及光学扩束单元等组成；接收系统采用望远镜和各种形式的光电探测器，如光电倍增管、半导体光电二极管、雪崩光电二极管、红外和可见光多元探测器件等。激光雷达采用脉冲或连续波两种工作方式，按照探测原理的不同，可分为米散射、瑞利散射、拉曼散射、布里渊散射、荧光、多普勒等类型。

LiDAR 是一种集激光、全球定位系统和惯性导航系统三种技术于一身的系统，用于获得数据并生成精确的 DEM。这三种技术的结合，可以高度准确地定位激光束打在物体上的光斑。它又分为日臻成熟的用于获得地面数字高程模型的地形 LiDAR 系统和已经成熟应用的用于获得水下 DEM 的水文 LiDAR 系统，这两种系统的共同特点是利用激光进行探测和测量，这也正是 LiDAR 一词的英文原译。如图 2-34 所示，为激光雷达实物图。

图 2-34　激光雷达实物图

激光本身具有非常精确的测距能力，其测距精度可达几厘米，而 LiDAR 系统的精确度除了激光本身因素，还取决于激光、GPS 及惯性测量单元(inertial measurement unit,

IMU)三者同步等内在因素。随着商用 GPS 及 IMU 的发展，通过 LiDAR 从移动平台上(如在飞机上)获得高精度的数据已经成为可能并被广泛应用。

2. 工作原理

如图 2-35 所示，为激光雷达工作原理图。LIDAR 系统包括一个单束窄带激光器和一个接收系统。激光器产生并发射一束光脉冲，照射在物体上并反射回来，最终被接收器所接收。接收器准确地测量光脉冲从发射到被反射回的传播时间。因为光脉冲以光速传播，所以接收器总会在下一个脉冲发出之前收到前一个被反射回的脉冲。鉴于光速是已知的，传播时间即可转换为对距离的测量。结合激光器的高度、激光扫描角度、从 GPS 得到的激光器的位置和从 INS 得到的激光发射方向，就可以准确地计算出每一个地面光斑的坐标 X、Y、Z。激光束发射的频率从每秒几个脉冲到每秒几万个脉冲。一个频率为每秒一万次脉冲的系统，接收器将会在 1min 内记录 60 万个点。一般而言，LiDAR 系统的地面光斑间距为 2～4m 不等。

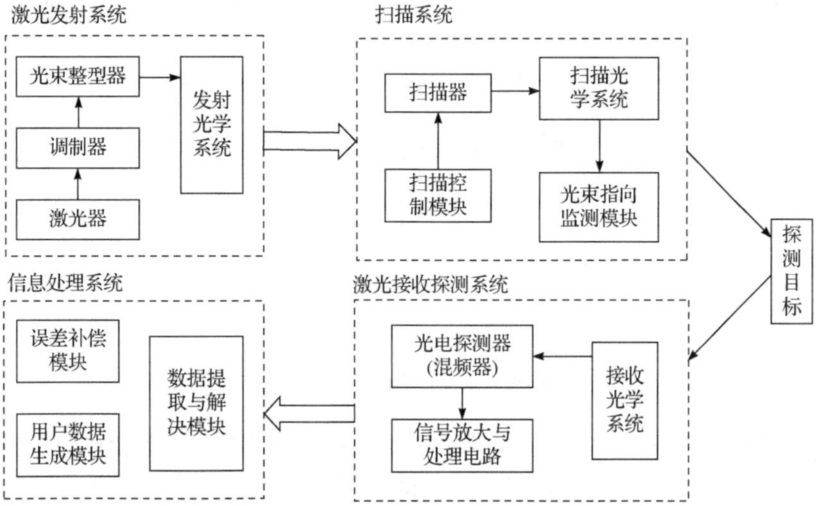

图 2-35　激光雷达工作原理图

由激光器发射出的脉冲激光由空中入射到树木、道路、桥梁、房屋等障碍上，引起散射。一部分光波会经过反射返回到激光雷达的接收机器中。接收机器通常是一个光电倍增管或一个光电管，它将光信号转变为电信号，记录下来。同时由所配备的计时器记录下同一个脉冲光信号由发射到被接收的时间 T 。

于是，就能够得到由飞机上的激光雷达到地面上的目标物的距离 R 为

$$R = CT / 2 \tag{2-37}$$

其中，C 代表光速，是一个常数，即 C =300000km/s。激光雷达每一个脉冲激光的距离分辨率(maximum range resolution)也可由以式(2-38)给出：

$$\Delta R = \frac{C}{2} \cdot (t_L + t_N + t_W) \tag{2-38}$$

其中，t_L 代表激光脉冲的长度；t_N 代表接收器电子器件的时间常数；t_W 代表激光与目标物体的碰撞时间常数。对于一个激光器，它的脉冲常数是 10ns，接收器电子器件的时间常数 t_N 一般为 50～200ns，激光与目标物体的碰撞时间常数 t_W 较小，一般忽略不计。因此，距离分辨率 ΔR 一般为 9～31.5m。

激光雷达最基本的工作原理与无线电雷达没有区别，即由雷达发射系统发送一个信号，经目标反射后被接收系统收集，通过测量反射光的运行时间而确定目标的距离。至于目标的径向速度，可以由反射光的多普勒频移来确定，也可以测量两个或多个距离，并计算其变化率而求得速度，这也是直接探测型雷达的基本工作原理。

3. 无人驾驶航空器应用

(1) 空间环境测绘。由于激光雷达受光线干扰的影响较小，因此在任何光线条件下，激光雷达的建图效果都不错。例如，用于电力行业，原本需要花费大量人力、物力的空间环境测绘工作，现在只需要借助激光雷达，边飞边建图，就可以得到所在环境的轮廓信息，产生高精度地图。如图 2-36 所示，为搭载激光雷达的巡线无人驾驶航空器实物图。

图 2-36　搭载激光雷达的巡线无人驾驶航空器

如图 2-37 和图 2-38 所示，无人驾驶航空器巡线完成之后，系统会自动整理隐患区域的坐标和照片，自动生成一份报告并上传到服务器，为电力线走廊维护班组提供第一手的资料，提高生产效率。

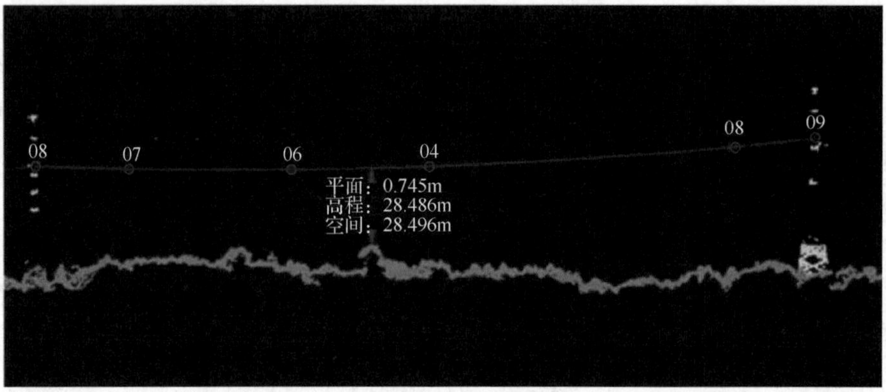

图 2-37　自动生成的巡线报告

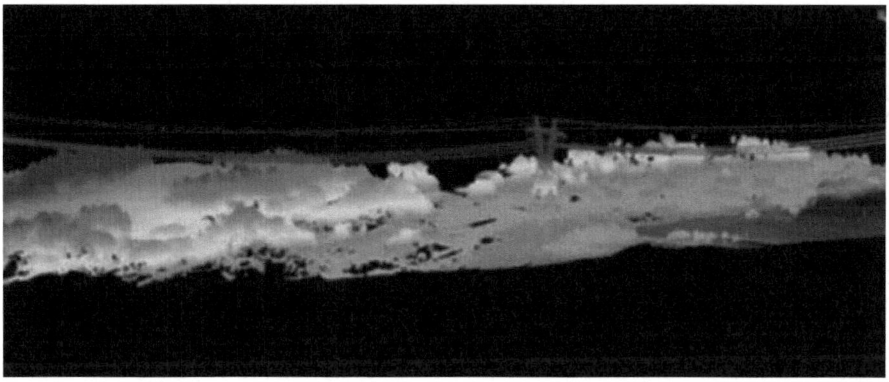

图 2-38　高密度点云数据

(2) 辅助无人驾驶航空器实现避障。避障能力是无人驾驶航空器智能化的重要表现之一，完善的自主避障系统将在很大程度上减少无人驾驶航空器损坏、伤及人身和建筑物的事故发生率。而激光雷达，则能让无人驾驶航空器拥有避障的能力。借助激光雷达，无人驾驶航空器的避障分为以下几个阶段：

① 检测障碍物。激光雷达通过不断地旋转，发射激光，并接收激光返回，计算出障碍物与当前检测点的距离，感知到障碍物的存在。

② 避让障碍物。通过激光雷达建立的高精度地图信息，无人驾驶航空器能够感知障碍物具体所在的位置，然后自主绕开障碍物。

如图 2-39 所示，为无人驾驶航空器感知与避让障碍物监视图。

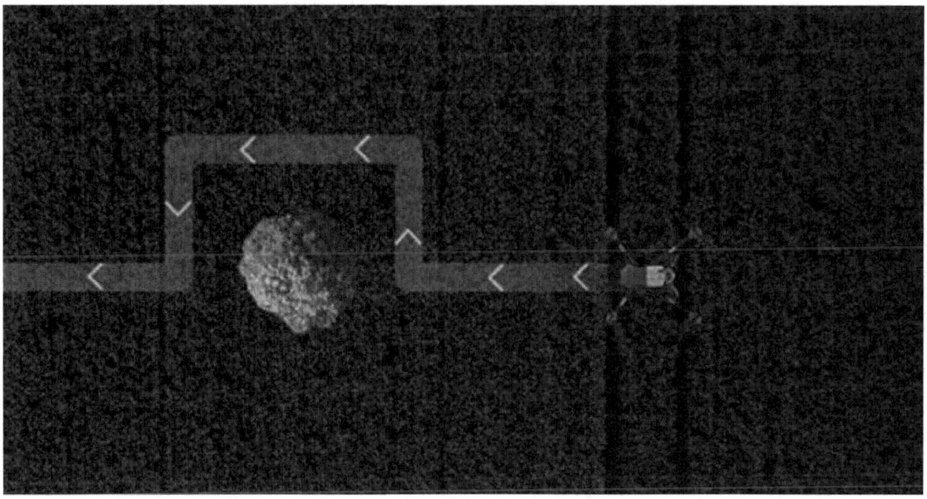

图 2-39　无人驾驶航空器感知与避让障碍物

小　结

本章深入研究了无人驾驶航空器感知技术的多个方面，从传统的监视技术到最新的非合作感知技术。感知技术对于无人驾驶航空器的安全性和协同运行至关重要，因此需要不断改进和创新。本章首先探讨了 ADS-B 监视感知技术，了解它是如何通过自动广播来提供关键位置信息的，以确保飞行器之间的安全距离。接下来，深入研究了 1090ES 链路，包括信号调制和解调技术，以及报文编码和解码技术。这些技术对于确保通信的可靠性和一致性至关重要。此外，还介绍了 UAT 链路，特别强调了数据链信号的调制与解调以及数据链报文的编码与解码。这有助于确保无人驾驶航空器之间的数据传输有效和准确。ACAS 是本章的另一个重要主题，介绍了 ACAS 的基本原理、组成和空-空通信，这对于避免空中碰撞至关重要。最后，介绍了非合作感知技术，包括毫米波雷达和激光雷达，这些技术可以帮助无人驾驶航空器感知并避让未配备 ADS-B 或 ACAS 设备的飞行器，从而增强了无人驾驶航空器的感知能力。

习　题

2-1　简述 ADS-B 的含义。

2-2　简述 CPR 的含义。

2-3　简述 ACAS X 的含义。

2-4　简述毫米波雷达的含义。

2-5　简述无人驾驶航空器感知技术的分类。

2-6　简述 ADS-B 可传送信息的类型。

2-7　简述几种 ADS-B 链路的对比。

2-8　简述 ADS-B 消息数据块格式采用脉冲位置调制(PPM)编码的规则。

2-9　简述 UAT 数据链的帧结构。

2-10　简述 2FSK 射频信号的表达式和信号时间波形图。

2-11　简述 ACAS X 的总体框架。

2-12　简述 A/C 模式询问信号格式。

2-13　简述 A/C 模式应答信号格式。

2-14　简述 ACAS 上行和下行链路的种类。

2-15　简述毫米波雷达的优势及其在无人驾驶航空器上的应用。

2-16　请画出 2ASK 射频信号的表达式和信号时间波形图。

2-17　请画出 2ASK/OOK 信号的产生方法及调制器原理框图。

2-18　请画出 2ASK/OOK 信号非相干解调系统组成原理框图以及解调过程的时间波形图。

2-19　简述 CPFSK 信号的产生方法，并绘制调制器原理框图。

2-20　简述毫米波雷达测量静止目标的原理。

第 3 章　无人驾驶航空器目标跟踪技术

为了满足探测和避让(DAA)功能要求，必须实现目标跟踪算法。机载航迹处理子系统(track processing subsystem，TPS)是无人驾驶航空器探测和避让处理的一部分。TPS 算法的主要功能是从各种传感器接收监视数据，为每个检测到的目标形成一个单独的跟踪，并将跟踪信息与本机信息一起发送给 DAA 算法，使其能够执行 DAA 中的告警和引导功能。

监视跟踪模块(STM)处理来自前端监视模块的多种飞机监视数据和本机监视数据，并生成 STM 报告供冲突解脱模块(TRM)发布解脱咨询，防止发生空中事故。STM 有 14 个入口点作为算法入口进行 STM 的数据处理过程，包括对 ADS-B 监视数据和 S/C 模式监视数据进行航迹文件生成的过程，以及新建航迹文件、航迹关联、航迹文件更新、航迹文件删除等过程，并将入侵机数据存入一个特定的数据结构 TARGET 中；对本机垂直状态和航向，利用卡尔曼滤波进行高度和高度率跟踪，再和其他从传感器获得的数据存入一个特定数据结构 OWNSHIP 中；对协调信息进行校验并更新本机和入侵机的相应数据，对入侵机的协调能力报告进行更新；在生成 STM 报告过程中计算敏感度等级和接近度，得到发送到应答机的空对空数据，并最终通过主动验证，从 TARGET 中选择最优航迹文件和 OWNSHIP 中本机数据一起存入 STM 报告，形成最终的 STM 报告，供冲突解脱模块(TRM)进行避撞。

3.1　STM 数据处理

STM 通过 14 个算法入口点对 STM 输入进行处理，其功能为收集并处理传感器数据，并最终生成 STM 报告，表 3-1 介绍了 STM 入口点。

表 3-1　STM 入口点

编号	入口点	功能
1	RECEIVEDF0	主动监视 S 模式目标数据处理
2	RECEIVEMODECREPLY	主动监视 C 模式目标数据处理
3	RECEIVESTATEVECTORPOSITIONREPORT	状态矢量位置报告数据处理
4	RECEIVESTATEVECTORVELOCITYREPORT	状态矢量速度报告数据处理
5	RECEIVEMODESTATUSREPORT	模式状态报告数据处理
6	RECEIVEDISCRETES	接收本机离散数据
7	RECEIVETARGETDESIGNATION	接收目标指定数据

续表

编号	入口点	功能
8	RECEIVEBAROALTOBSERVATION	本机气压高度估计
9	RECEIVERADALTOBSERVATION	接收本机无线电高度
10	RECEIVEHEADINGOBSERVATION	本机航向估计
11	RECEIVEWGS84OBSERVATION	接收本机 WGS-84 状态
12	RECEIVEUF16UDS30	接收协调信息
13	RECEIVECAPABILITYREPORT	接收协调能力报告
14	GENERATESTMREPORT	生成 STM 报告

3.1.1 数据处理流程

STM 通过入口点进行数据处理，其中，入口点 1～入口点 5 为航迹文件生成的算法入口；入口点 1 处理 S 模式监视数据；入口点 2 处理 C 模式监视数据；入口点 3～入口点 5 处理 ADS-B 监视数据；入口点 8 和入口点 10 利用卡尔曼滤波对本机的气压高度和航向进行估计；入口点 6、入口点 7、入口点 9、入口点 11 则存入本机的其他数据，包括无线电高度、接收目标的指定数据、只在初始化时发生改变的离散数据和本机 WGS-84 状态；入口点 12 对 UF16-UDS30 中的协调数据进行校验，校验通过则更新 OWNSHIP 和 TARGET 中对应字段；入口点 13 通过 ADS-B 中冲突告警协调能力字段(conflict alert coordination capability bits，CCCB)更新入侵机的协调能力报告；最后通过入口点 14 收集 OWNSHIP 和 TARGET 中数据生成 STM 报告，STM 数据处理流程如图 3-1 所示。

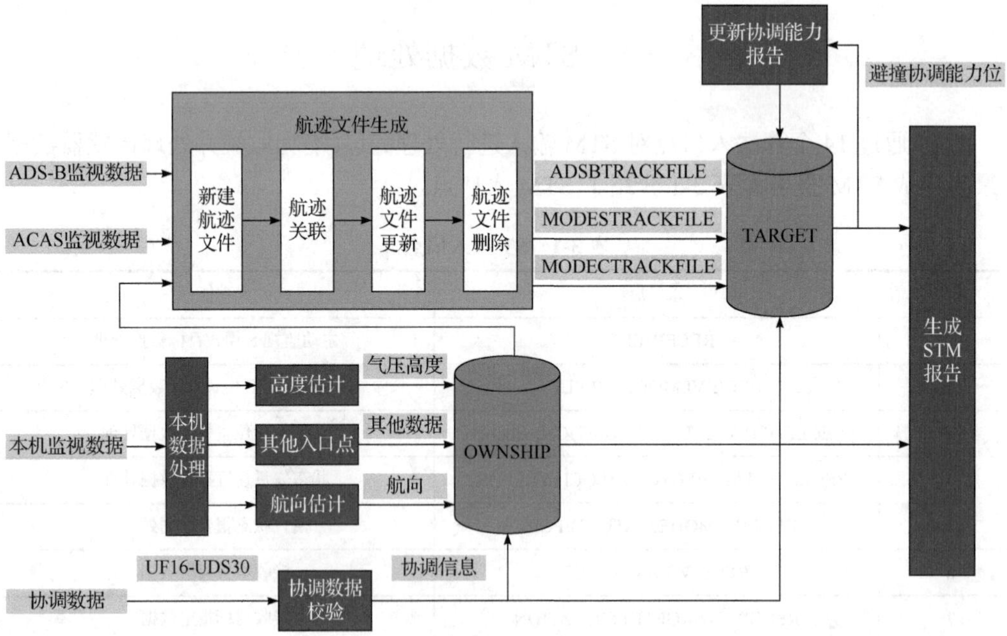

图 3-1 STM 数据处理过程

3.1.2　数据结构介绍

STM 进行数据处理时，主要包括两个数据结构 TARGET 和 OWNSHIP，分别存入入侵机和本机的数据。

如图 3-2 所示，OWNSHIP 数据结构包含与本机状态有关的所有传感器所得数据。这包括从气压高度测量得出的本机垂直状态、本机航向、本机无线电高度、本机 WGS-84 位置、显示本机是否在地面上、无效的无线电高度测量的数量、报告产生的时间、本机历史航向和历史气压高度、本机离散数据，以及本机的应答器数据。

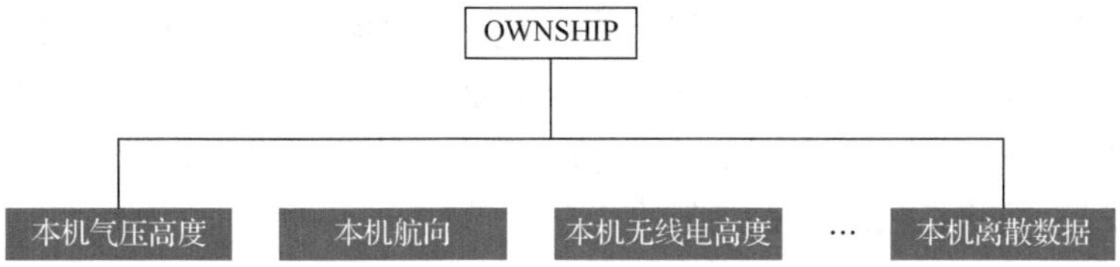

图 3-2　OWNSHIP 数据结构

如图 3-3 所示，TARGET 数据结构包含了与单一入侵机有关的所有数据。目标数据结构包含 S 模式航迹文件、ADS-B 航迹文件和 C 模式航迹文件。它还包含来自相关飞机的接收协调数据、用于在向 TRM 提交 ADS-B 航迹之前验证 ADS-B 航迹的主动验证历史信息、主动验证的状态、ADS-B 历史质量信息、用于覆盖混合监视目标的 ADS-B 质量检查的标志和初始化时间。

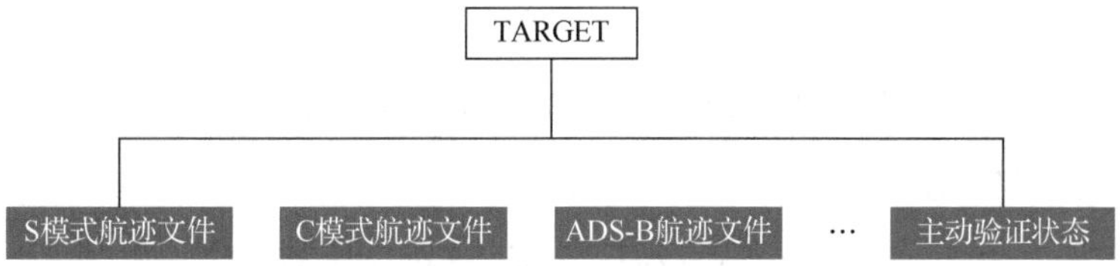

图 3-3　TARGET 数据结构

由于入侵机处理水平状态时需要本机 WGS-84 状态中的位置信息，所以下面介绍如何通过入口点得到本机相关信息并存入 OWNSHIP。

3.2　本机数据处理

STM 通过入口点 6～入口点 11 对本机监视数据进行处理，其中，入口点 8 和入口点 10 利用卡尔曼滤波对本机气压高度和航向进行跟踪估计后存入 OWNSHIP，其他入口点将本机的其他监视数据直接存入 OWNSHIP。

3.2.1　高度和航向估计

在本机数据中，高度和航向存入 OWNSHIP 前，需先对其进行滤波处理。在对本机高度和航向进行估计时，由于本机的状态方程和量测方程都是线性方程，这里选择卡尔曼滤波对本机气压高度和本机航向进行跟踪估计。

1. 卡尔曼滤波

假定系统的状态方程为

$$\boldsymbol{X}(k+1)=\boldsymbol{\Phi X}(k)+\boldsymbol{\Gamma W}(k) \tag{3-1}$$

量测方程为

$$\boldsymbol{Z}(k+1)=\boldsymbol{HX}(k+1)+\boldsymbol{V}(k+1) \tag{3-2}$$

其中，$\boldsymbol{X}(k)$为状态向量；$\boldsymbol{\Phi}$为状态转移矩阵；$\boldsymbol{\Gamma}$为过程噪声矩阵；$\boldsymbol{W}(k)$为过程噪声；$\boldsymbol{Z}(k)$为量测向量；$\boldsymbol{H}$ 为量测矩阵；$\boldsymbol{V}(k)$为量测噪声向量，一般假设为均值 0 的高斯白噪声。

卡尔曼滤波有两个计算过程，即预测和更新，具体算法过程如下。

(1) 用 k 时刻的状态预测 k+1 时刻的状态：

$$\hat{\boldsymbol{X}}(k+1|k)=\boldsymbol{\Phi}\hat{\boldsymbol{X}}(k|k) \tag{3-3}$$

(2) 预测的状态协方差：

$$\hat{\boldsymbol{P}}(k+1|k)=\boldsymbol{\Phi P}(k|k)\boldsymbol{\Phi}^{\mathrm{T}}(k)+\boldsymbol{Q}(k) \tag{3-4}$$

(3) 设 k+1 时刻的量测值为 $\boldsymbol{Z}(k+1)$，则新息(滤波残差)为

$$V(k+1)=\boldsymbol{Z}(k+1)-\boldsymbol{H}\hat{\boldsymbol{X}}(k+1|k) \tag{3-5}$$

(4) 新息协方差为

$$\boldsymbol{S}(k+1)=\boldsymbol{HP}(k+1|k)\boldsymbol{H}^{\mathrm{T}}(k+1)+\boldsymbol{R}(k+1) \tag{3-6}$$

(5) 卡尔曼滤波增益为

$$\boldsymbol{K}(k+1)=\boldsymbol{P}(k+1|k)\boldsymbol{H}^{\mathrm{T}}\boldsymbol{S}^{-1}(k+1) \tag{3-7}$$

(6) 用量测值对预测值进行更新：

$$\hat{\boldsymbol{X}}(k+1|k+1)=\hat{\boldsymbol{X}}(k+1|k)+\boldsymbol{K}(k+1)V(k+1) \tag{3-8}$$

(7) 更新状态协方差矩阵：

$$\boldsymbol{P}(k+1|k+1)=(\boldsymbol{I}-\boldsymbol{K}(k+1)\boldsymbol{H})\boldsymbol{P}(k+1|k) \tag{3-9}$$

2. 垂直状态估计

对入侵机进行高度跟踪时使用卡尔曼滤波，状态变量为入侵机的高度和高度率 $\boldsymbol{x}=\begin{bmatrix}h & \dot{h}\end{bmatrix}^{\mathrm{T}}$。

状态方程为

$$\boldsymbol{x}_k=\begin{bmatrix}1 & \Delta t\\ 0 & 1\end{bmatrix}\boldsymbol{x}_{k-1}+\begin{bmatrix}0 & \Delta t^2/2\\ 0 & \Delta t\end{bmatrix}\boldsymbol{W}_{k-1} \tag{3-10}$$

观测方程为

$$y_k = \begin{bmatrix} 1 & 0 \end{bmatrix} x_k + v_k \tag{3-11}$$

下面给出本机垂直状态跟踪相关参数，如表 3-2 所示。

表 3-2　本机垂直状态跟踪参数

参数名称	参数取值	参数名称	参数取值
过程噪声方差/(ft^2/s^4)	15.5236	初始高度方差/ ft^2	0.0833333333
观察噪声方差/ ft^2	22.09	初始高度/ ft	3000
初始高度率方差/(ft^2/s^2)	2500	初始高度率/(ft/s)	0

测试场景：假设本机在垂直方向上初始高度为 3000ft，初始高度率为 0ft/s，在避让过程中根据所选动作采取 $3ft/s^2$ 加速度向上爬升。

垂直状态估计结果如图 3-4 所示。

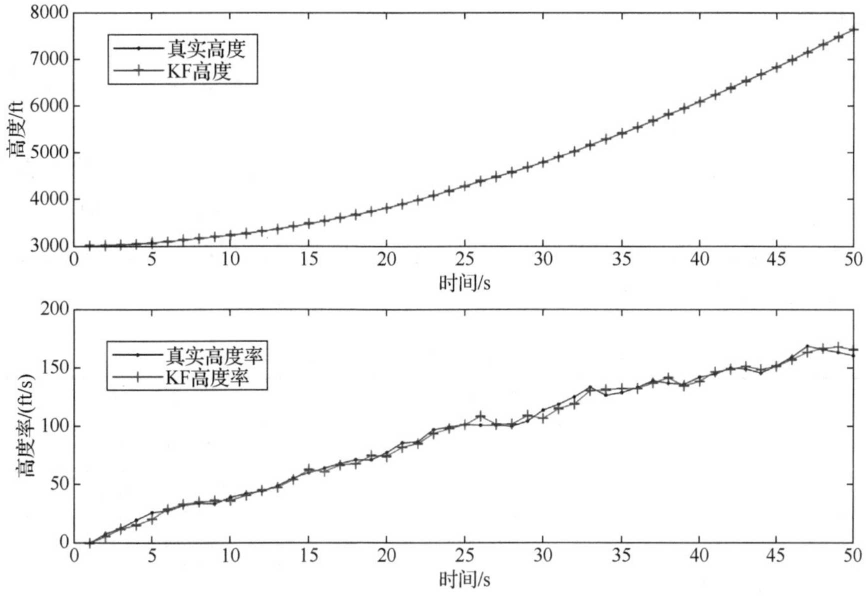

图 3-4　垂直状态估计

如图 3-4 所示，卡尔曼滤波(KF)对本机的垂直状态包括高度和高度率有较好的跟踪效果，下面通过跟踪过程中高度和高度率误差的变化进一步展示跟踪效果。

由图 3-5 可得垂直状态中，高度误差和高度率误差都在 10ft 左右波动，卡尔曼滤波对垂直状态估计具有良好的效果。

在对本机数据处理时，还需对航向进行跟踪估计，状态变量为航向和航向变化率，处理过程与垂直状态相似，这里不重复介绍。

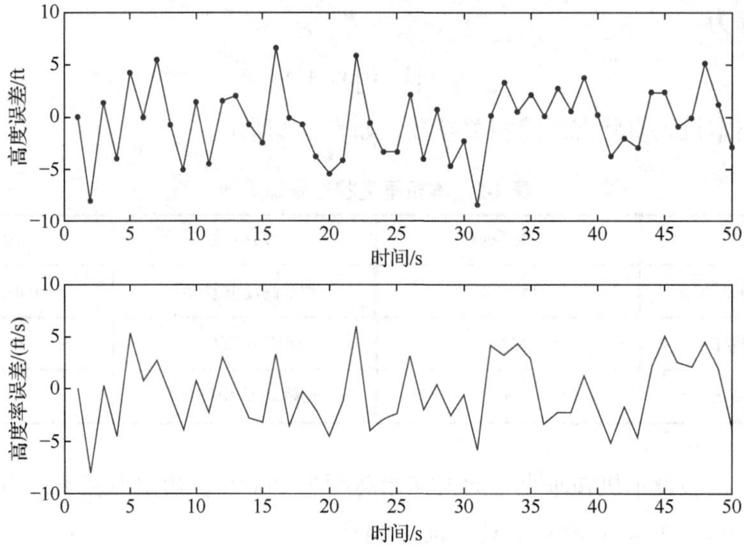

图 3-5　垂直状态误差

3.2.2　本机其他入口点

本机的其他入口点直接将从传感器得到的数据存入 OWNSHIP，下面通过表格的方式展现其他入口点存入数据。

表 3-3 为本机离散数据，存入一些不经常变化或只在变量初始化时变化的本机参数。own_ground_display_mode_on：系统配置参数，根据雷达高度确定自己在地面上时，系统灵敏度水平是否进入 TA-Only 模式或待机模式。如果为真，当雷达高度显示自己在地面上时，系统将进入 TA-Only 模式；否则，将进入待机模式。

表 3-3　RECEIVEDISCRETES 数据

变量	单位	含义
address	N/A	本机 S 模式地址
modeACode	N/A	本机 A 模式地址
opflg	N/A	系统操作标志
manualSL	N/A	外部设置灵敏度水平
own_ground_display_mode_on	N/A	指示在地面时，模式选择的标志
on_surface	N/A	指示本机是否在地面的标志
auto_on	N/A	指示是否允许使用 ADS-B Only TA-Only
is_coarsely_quant	N/A	指示本机高度量化是否为 100ft 的标志

opflg：一般设置为 ture，当系统由于硬件问题不支持询问传输时，这个标志将被设置为 false。

manualSL：飞行员或其他输入控制，选择三个值中的一个：0(自动)、1(待机)或

2(TA-Only)。

auto_on：表示是否允许使用 ADS-B Only TA-Only。当系统被配置为仅 ADS-B 数据跟踪的飞机产生 TA 时，该标志设置为 true。

表 3-4 为本机直接从机载无线电测高仪测量的无线电高度。本机的无线电高度按照 1Hz 的最小更新率进行更新，精度为 1ft；当无有效无线高度时，应设置为 NaN。

表 3-4　RECEIVEBAROALTOBSERVATION 数据

变量	单位	含义
h	ft	本机无线电高度
t_{oa}	s	适用时间

表 3-5 为 ACAS Xo 模式下飞行员对指定目标飞行分配特殊处理的信息。这里只给出入口点输入。

表 3-5　RECEIVETARGETDESIGNATION 数据

变量	单位	含义
mode_s	N/A	入侵机 24 位 S 模式地址
designation	N/A	为入侵机选择的 Xo 指定操作

表 3-6 为本机从机载 WGS-84 传感器测量的数据，对入侵机进行水平估计时，通过下面的数据计算本机与入侵机的相对水平距离和相对水平距离变化率。最小更新频率为 1Hz，当无有效 WGS-84 状态时，设置为 NaN。

表 3-6　RECEIVEWGS84OBSERVATION 数据

变量	单位	含义
lat	°	本机纬度
lon	°	本机经度
vel_ew	kn	东西方向本机速度
vel_ns	kn	北南方向本机速度
t_{oa}	s	适用时间

3.3　入侵机数据处理

STM 在得到本机数据后，根据 OWNSHIP 中的本机数据和入侵机监视数据的不同，通过不同入口点进行处理，处理过程包括航迹起始、航迹关联、航迹更新和航迹终止。在处理过程中，需先对 ADS-B 监视数据和 WGS-84 状态信息进行坐标转换。航迹更新主要通过卡尔曼滤波和无迹卡尔曼滤波分别对入侵机的垂直状态和水平状态进行滤波处理。

3.3.1　坐标转换

在处理 ADS-B 监视数据和本机 WGS-84 状态信息时，由于监视数据在处理时是基于东北天(east-north-up，ENU)坐标系的，所以在处理过程中，需先将 WGS-84 转换到地心地固(earth-centered earth-fixed，ECEF)坐标系，再将 ECEF 坐标系转换到 ENU 坐标系。

1) WGS-84 坐标系与 ECEF 坐标系的转换

WGS-84 坐标系是一种国际上采用的地心坐标系，坐标原点为地球质心，其地心空间直角坐标系的 Z 轴指向国际时间服务机构(Bureau International de L'Heure，BIH)1984.0 定义的协议地球极(conventional terrestrial pole，CTP)方向，X 轴指向 BIH 1984.0 的零子午面和 CTP 赤道的交点，Y 轴与 Z 轴、X 轴垂直构成右手坐标系，称为 1984 年世界大地坐标系统。

地心地固坐标系简称地心坐标系，是一种以地心为原点的地固坐标系(也称地球坐标系)，也是一种笛卡儿坐标系。原点 $O(0,0,0)$ 为地球质心，Z 轴与地轴平行指向北极点，X 轴指向本初子午线与赤道的交点，Y 轴垂直于 XOZ 平面(即东经 90°与赤道的交点)构成右手坐标系。

如图 3-6 所示，为 ECEF 坐标系与 WGS-84 坐标系的关系示意图。

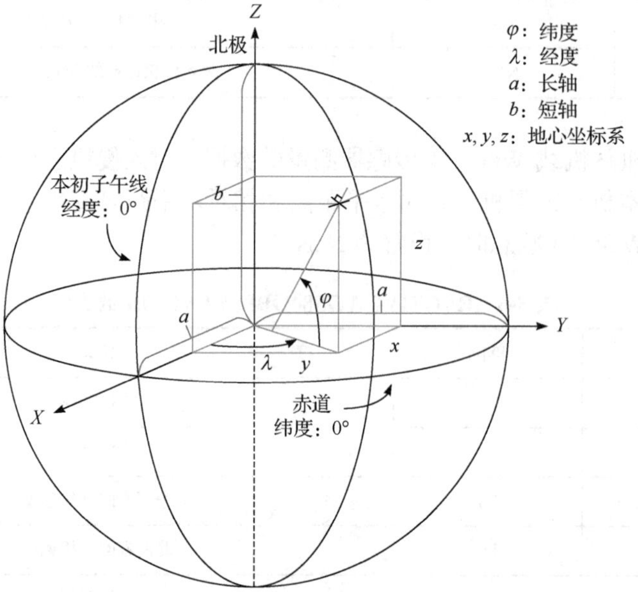

图 3-6　ECEF 坐标系与 WGS-84 坐标系的关系示意图

若已知入侵机目标在 WGS-84 坐标系下的位置为(φ, λ, h)，其中，φ 表示纬度，λ 表示经度，h 表示球面高度，目标在 ECEF 坐标系下的位置为(X, Y, Z)。

坐标转换可通过三角函数进行计算，其中 WGS-84 坐标系转换为 ECEF 坐标系的公式如下：

$$X = (N + h)\cos\varphi\cos\lambda \tag{3-12}$$

$$Y = (N + h)\cos\varphi\sin\lambda \tag{3-13}$$

$$Z=\left(\frac{b^2}{a^2}N+h\right)\sin\varphi \tag{3-14}$$

其中，N 为目标位置的曲率半径，表示为

$$N=\frac{a^2}{\sqrt{a^2\cos^2\varphi+b^2\sin^2\varphi}} \tag{3-15}$$

其中，a=6378137.0m 表示球面长半轴；b=6356752.3142m 表示球面短半轴。

2) ECEF 坐标系转换为 ENU 坐标系

站心坐标系以一个站心点为坐标原点，当把坐标系定义为 X 轴指东、Y 轴指北、Z 轴指天，就是 ENU 站心坐标系。这样，从地心地固坐标系转换成的站心坐标系，就会成为一个符合常人对地理位置认知的局部坐标系。同时，只要站心点位置选得合理(通常可选取地理表达区域的中心点)，表达的地理坐标都会是很小的值，非常便于计算。图 3-7 为本机 ENU 坐标系与地心坐标系的关系示意图。

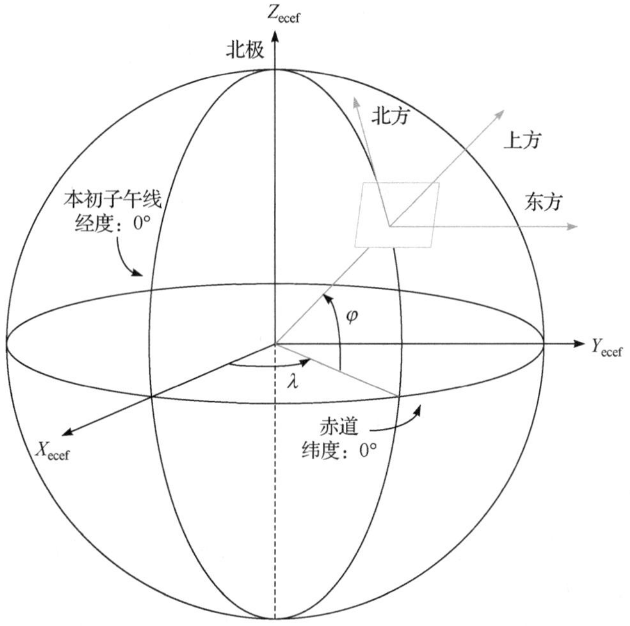

图 3-7　本机 ENU 坐标系与地心坐标系的关系示意图

令选取的站心点为 P，其站心坐标为(B，L，H)，对应的地心地固坐标系为(X，Y，Z)。将 ECEF 坐标系变换成 ENU 坐标系可经过平移旋转，其中将 ENU 坐标系转换成 ECEF 坐标系，将站心移动到地心，根据 P 在 ECEF 坐标系中可得 ENU 坐标系到 ECEF 坐标系的平移矩阵为

$$\boldsymbol{T}=\begin{bmatrix}1&0&0&X\\0&1&0&Y\\0&0&1&Z\\0&0&0&1\end{bmatrix} \tag{3-16}$$

则 ECEF 坐标系转换到 ENU 坐标系的平移矩阵为

$$\boldsymbol{T}^{-1}=\begin{bmatrix}1&0&0&-X\\0&1&0&-Y\\0&0&1&-Z\\0&0&0&1\end{bmatrix} \tag{3-17}$$

当从 ECEF 坐标系转换到 ENU 坐标系时，需先平移再旋转，旋转是先绕 Z 轴旋转，再绕 X 轴旋转，ECEF 坐标系转换到 ENU 坐标系的旋转矩阵为

$$\boldsymbol{R}^{-1}=\begin{bmatrix}-\sin L&\cos L&0&0\\-\sin B\cos L&-\sin B\sin L&\cos B&0\\\cos B\cos L&\cos B\sin L&\sin B&0\\0&0&0&1\end{bmatrix} \tag{3-18}$$

则从 ECEF 坐标系到 ENU 坐标系的变换矩阵为

$$\boldsymbol{M}^{-1}=\begin{bmatrix}-\sin L&\cos L&0&0\\-\sin B\cos L&-\sin B\sin L&\cos B&0\\\cos B\cos L&\cos B\sin L&\sin B&0\\0&0&0&1\end{bmatrix}*\begin{bmatrix}1&0&0&-X\\0&1&0&-Y\\0&0&1&-Z\\0&0&0&1\end{bmatrix} \tag{3-19}$$

假如在 ECEF 坐标系下他机的位置为 $[x,y,z]^{\mathrm{T}}$，他机在以本机为原点的 ENU 坐标为 $[e,n,u]^{\mathrm{T}}$，则

$$\begin{bmatrix}e\\n\\u\\1\end{bmatrix}=\boldsymbol{M}^{-1}\begin{bmatrix}x\\y\\z\\1\end{bmatrix} \tag{3-20}$$

3.3.2　新建航迹文件

TARGET 用于存入单个入侵机的所有信息，主要包括 S 模式航迹文件、C 模式航迹文件、ADS-B 航迹文件。

S 模式航迹文件包含使用 DF0 应答信息保持目标飞机状态所需的数据元素，这些信息是通过基于应答机的监视得到的。该数据结构包括入侵机的垂直方向的状态信息和水平方向的状态信息。每个方向的状态信息都有自己的适用时间，还有用于确定监视源相关性的相关信息，DF0 应答信息确定的其他数据字段，如设备信息和敏感度等级也存储在数据结构中。

C 模式轨迹文件包含使用 C 模式回复信息维持目标飞机状态所需的数据元素。数据结构除包含与 S 模式航迹文件类似的状态信息、适用时间、确定监视源相关性信息之外，还有其他数据字段，如可选的外部设置的轨道 ID、高度量化信息、灵敏度水平也存储在数据结构中。

ADS-B 航迹文件包含使用 ADS-B 报告生成的维持目标飞机状态所需的数据元素。

数据结构除包含与 S 模式航迹文件类似的状态信息、适用时间、确定监视源相关性信息之外，还包括通过 ADS-B 报告确定的其他数据字段，如 TCAS 运行状态、报告的 ADS-B 质量指标，以及非标准 ICAO 地址的指示也存储在数据结构中。

监视数据中包含了入侵机的身份信息，当该身份信息无法在 TARGET 数据库中找到对应的目标时，则新建航迹文件并将监视数据处理后存入。

3.3.3　航迹关联

航迹关联针对 STM 所有目标进行评估，以确定是否有两个目标属于同一个目标，或者两个目标错误地由一个目标表示，最后将属于一个目标的所有航迹存入 TARGET 中。在评估时，首先将每个目标的所有航迹外推到报告生成时间，然后将不再与指定目标相关的航迹移动到新目标，最后迭代所有现有目标，将两个相关目标合并到单个目标中。因为 S 模式 ADS-B 航迹有 24 位 ICAO 地址，若两航迹都有 ICAO 地址，则可通过判断该地址是否一致直接进行关联或去关联。对于其他组合的航迹关联，则根据两航迹间的相关性确定能否关联。

1) 马氏距离

马氏距离(Mahalanobis distance，MD)是一种常用的距离指标，同欧氏距离、曼哈顿距离、汉明距离等一样被用于评定数据之间的相似度。

ACAS X 在进行航迹关联时采用马氏距离计算得分，进而判断两航迹能否关联。这里介绍两种计算方法：位置关联和图像关联。其中，位置关联直接计算高度、水平距离和水平距离变化率的马氏距离得到得分；而图像关联则通过两航迹的高度、高度率，以及图像距离率的马氏距离计算得分，进而判断关联性。

当有两个数据点 $\boldsymbol{X}$、$\boldsymbol{Y}$ 及多维随机变量协方差矩阵 $\boldsymbol{\Sigma}$ 时，马氏距离计算过程如下：

$$\mathrm{MD}(\boldsymbol{X},\boldsymbol{Y})=\sqrt{(\boldsymbol{X}-\boldsymbol{Y})^{\mathrm{T}}\boldsymbol{\Sigma}^{-1}(\boldsymbol{X}-\boldsymbol{Y})} \tag{3-21}$$

2) C 模式航迹

C 模式在进行关联时，询问应答信号在地面或其他水平面反射后会产生虚假跟踪，因此将这种情况下产生的 C 模式航迹称为图像航迹。根据仅在询问链路上或仅在应答链路上的多路径或询问和应答链路的多路径，ACAS X 由对应的单反射和双反射算法计算图像航迹变化率进而计算相关性。

图 3-8 给出图像航迹图示。

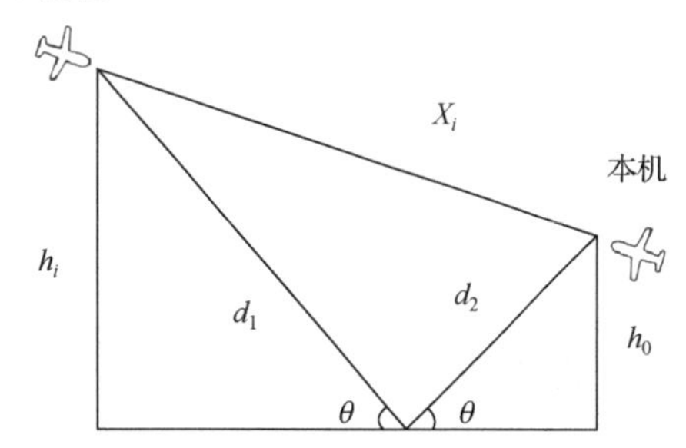

图 3-8　图像航迹图示

3) 位置关联

位置关联判断两条航迹是否能关联，如果两条航迹之间的距离大于距离门或高度大于高度门，则关联失败。若距离和高度在阈值内，则根据两条航迹在水平距离、高度和水平距离变化率方面的相关程度计算出一个得分。得分是两条航迹距离的马氏距离、距离变化率的马氏距离和高度的马氏距离之和。若考虑航向，则取航向马氏距离与距离变化率的马氏距离最大值、距离马氏距离、高度马氏距离的和。这里根据当前时间与航迹初始时间的差值，设置一个比例系数，当时间差大于 10ms 时，需在计算得分后与该比例系数相乘得到最终结果。当分数小于分数阈值乘一个比例系数 us 时，判断两航迹关联。

$$\text{sc}=\begin{cases}\text{a\_sc+r\_sc+rr\_sc}, & \text{航向不可用}\\ \text{a\_sc+r\_sc+max(rr\_sc,b\_sc)}, & \text{航向可用}\end{cases} \tag{3-22}$$

其中，sc 为最终得分；a_sc 为高度马氏距离；r_sc 为距离马氏距离；rr_sc 为距离变化率马氏距离；b_sc 为航向马氏距离。

比例系数 us 判定如下：

$$\text{us}=\begin{cases}0.5, & T-\text{tgt.init\_time}>10\text{ms}\\ 1, & \text{其他}\end{cases} \tag{3-23}$$

其中，T 为进行位置关联时，航迹的适用时间；tgt.init_time 为航迹的初始化时间。

表 3-7 给出了位置关联的阈值表。

表 3-7　位置关联阈值参数

变量	取值
高度门	5001
距离门	10001
得分阈值	6
考虑航向得分阈值	7

4) 图像关联

与位置关联相似，图像关联也通过计算两条航迹在方位上的关联程度得出一个分数。得分是高度马氏距离、高度率马氏距离和两条航迹的图像距离变化率与真实距离变化率马氏距离之和得到的。

单反射图像距离变化率：

$$\dot{R}_1=\frac{1}{2}\left\{\dot{R}+\frac{[(2R_1-R)^2-R^2+(Z_0-Z)]^{\frac{1}{2}}(\dot{Z}_0-\dot{Z})+R\dot{R}-(Z_0-Z)(\dot{Z}_0-\dot{Z})}{2R_1-R}\right\} \tag{3-24}$$

双反射图像距离变化率：

$$\dot{R}_1=\frac{1}{R_1}\left\{[R_1^2-R^2+(Z_0-Z)^2]^{\frac{1}{2}}(\dot{Z}_0+\dot{Z})+R\dot{R}-(Z_0-Z)(\dot{Z}_0-\dot{Z})\right\} \tag{3-25}$$

得到图像距离变化率后计算得分：

$$\text{sc=h\_sc+hr\_sc+min(imrr}_1\text{,imrr}_2) \tag{3-26}$$

其中，R_1 是图像航迹距离；R 是真实距离；Z_0 是本机高度；Z 是真实高度；imrr_1 是单反射马氏距离；imrr_2 是双反射马氏距离。

表 3-8 给出图像关联的阈值表。

表 3-8　图像关联阈值参数

变量	取值
高度门	1001
距离门	201
得分阈值	6
考虑航向得分阈值	8

3.3.4　航迹文件更新

航迹文件更新根据监视数据对航迹文件进行更新，从而实时追踪入侵机。由于监视数据量测值与入侵机的真实值存在误差，监视数据的位置和速度误差为白噪声，不可能被准确估计。卡尔曼滤波算法被公认为是一种在高斯白噪声估计性能方面最优的估计算法，一方面，卡尔曼滤波不要求算法存储所有过去的数据，只需根据新的量测数据和前一时刻的估计状态值，就能极大地减少计算量；另一方面，民用机往往沿着预定的航路飞行，一般可以认为是匀速直线飞行，而卡尔曼滤波针对线性目标，具有很好的估计性能，所以采用卡尔曼滤波完成监视跟踪过程。

在 ACAS X 系统中，分别根据垂直状态或水平状态采用不同的跟踪算法。在垂直方向上，状态方程和观测方程均为线性方程，采用卡尔曼滤波进行高度跟踪；在水平方向上，目标运动方程或观测方程为非线性方程，采用无迹卡尔曼滤波进行距离跟踪。

对入侵机高度跟踪时与本机高度和航向跟踪方法一致，这里不重复介绍。

1. 无迹卡尔曼滤波

卡尔曼滤波适用于解决线性高斯分布问题，但当目标运动方程或观测方程为非线性时，卡尔曼滤波器不适用，这里分析无迹卡尔曼滤波。

假定目标状态方程为

$$\boldsymbol{X}(k+1)=f\left(\boldsymbol{X}(k),\boldsymbol{W}(k)\right) \tag{3-27}$$

目标观测方程为

$$\boldsymbol{Z}(k)=h(\boldsymbol{X}(k),\boldsymbol{V}(k)) \tag{3-28}$$

无迹卡尔曼滤波的预测和更新过程如下。

(1) 通过 UT 变换得到 $2n+1$ 个 sigma 点集，n 为状态维数：

$$\boldsymbol{X}^i(k-1|\,k-1)=\begin{cases}\bar{\boldsymbol{X}}(k-1|\,k-1), & i=0\\ \bar{\boldsymbol{X}}(k-1|\,k-1)+\left[\sqrt{(n+\lambda)\boldsymbol{P}(k-1|\,k-1)}\right]_i, & i=1\sim n\\ \bar{\boldsymbol{X}}(k-1|\,k-1)-\left[\sqrt{(n+\lambda)\boldsymbol{P}(k-1|\,k-1)}\right]_i, & i=n+1\sim 2n\end{cases} \tag{3-29}$$

相应的权重为

$$\begin{cases} w_m^0 = \dfrac{\lambda}{n+\lambda} \\ w_c^0 = \dfrac{\lambda}{n+\lambda} + 1 - \alpha^2 + \beta \\ w_m^i = w_c^i = \dfrac{\lambda}{2(n+\lambda)} \end{cases} \tag{3-30}$$

其中，w_m^i、w_c^i 分别对应均值和协方差的权重；$\left[\sqrt{(n+\lambda)\boldsymbol{P}(k-1|k-1)}\right]_i$ 为 $\sqrt{(n+\lambda)\boldsymbol{P}(k-1|k-1)}$ 的第 i 列；$\lambda = \alpha^2(n+k) - n$ 是等比例缩放参数。

(2) 将 sigma 点集通过非线性函数映射：

$$\boldsymbol{X}^i(k|\ k-1) = f\left[k, \boldsymbol{X}^i(k-1|\ k-1)\right],\ \ i = 1 \sim 2n \tag{3-31}$$

(3) 通过加权求解状态的预测值和协方差：

$$\hat{\boldsymbol{X}}(k|\ k-1) = \sum_{i=0}^{2n} w^i \boldsymbol{X}^i(k|\ k-1) \tag{3-32}$$

$$\boldsymbol{P}(k|\ k-1) = \sum_{i=0}^{2n} w_c^i \left[\boldsymbol{X}^i(k|\ k-1) - \hat{\boldsymbol{X}}(k|\ k-1)\right]\left[\boldsymbol{X}^i(k|\ k-1) - \hat{\boldsymbol{X}}(k|\ k-1)\right]^{\mathrm{T}} \tag{3-33}$$

(4) 用状态预测值计算输出 sigma 点并进行非线性映射：

$$\boldsymbol{Z}^i(k|\ k-1) = h[\boldsymbol{X}^i(k|\ k-1)],\ \ i = 0 \sim 2n \tag{3-34}$$

(5) 预测输出及协方差阵：

$$\hat{\boldsymbol{Z}}(k|\ k-1) = \sum_{i=0}^{2n} w^i \boldsymbol{Z}^i(k|\ k-1) \tag{3-35}$$

$$\boldsymbol{P}^{\boldsymbol{ZZ}}(k) = \sum_{i=0}^{2n} w_c^i \left[\boldsymbol{Z}^i(k|\ k-1) - \hat{\boldsymbol{Z}}(k|\ k-1)\right]\left[\boldsymbol{Z}^i(k|\ k-1) - \hat{\boldsymbol{Z}}(k|\ k-1)\right]^{\mathrm{T}} \tag{3-36}$$

$$\boldsymbol{P}^{\boldsymbol{XZ}}(k) = \sum_{i=0}^{2n} w_c^i \left[\boldsymbol{X}^i(k|\ k-1) - \hat{\boldsymbol{X}}(k|\ k-1)\right]\left[\boldsymbol{Z}^i(k|\ k-1) - \hat{\boldsymbol{Z}}(k|\ k-1)\right]^{\mathrm{T}} \tag{3-37}$$

(6) 计算卡尔曼增益：

$$\boldsymbol{K}(k) = \boldsymbol{P}^{\boldsymbol{ZZ}}(k)\left[\boldsymbol{P}^{\boldsymbol{XZ}}(k)\right]^{-1} \tag{3-38}$$

(7) 更新卡尔曼滤波：

$$\hat{\boldsymbol{X}}(k|\ k) = \hat{\boldsymbol{X}}(k|\ k-1) + \boldsymbol{K}(k)\left[\boldsymbol{Z}(k) - \hat{\boldsymbol{Z}}(k|\ k-1)\right] \tag{3-39}$$

$$\boldsymbol{P}(k|\ k) = \boldsymbol{P}(k|\ k-1) - \boldsymbol{K}(k)\boldsymbol{P}^{\boldsymbol{ZZ}}(k)\boldsymbol{K}^{\mathrm{T}}(k) \tag{3-40}$$

2. 水平状态跟踪

对入侵机进行水平状态跟踪时使用无迹卡尔曼滤波，状态变量为以本机为站心的 ENU 坐标系的相对距离和相对距离变化率，即 $\boldsymbol{x} = \begin{bmatrix} x & \dot{x} & y & \dot{y} \end{bmatrix}$。

状态方程为

$$\boldsymbol{x}_k=\begin{bmatrix}1 & \Delta t & 0 & 0\\ 0 & 1 & 0 & 0\\ 0 & 0 & 1 & \Delta t\\ 0 & 0 & 0 & 1\end{bmatrix}\boldsymbol{x}_{k-1}+\begin{bmatrix}\frac{1}{2}\Delta t^2 & 0\\ \Delta t & 0\\ 0 & \frac{1}{2}\Delta t^2\\ 0 & \Delta t\end{bmatrix}\boldsymbol{w}_{k-1} \tag{3-41}$$

观测方程为

$$\boldsymbol{y}_k=\boldsymbol{h}(x_k)+\boldsymbol{v}_k=\begin{bmatrix}\sqrt{x^2+y^2}\\ \arctan\frac{y}{x}\end{bmatrix}+\boldsymbol{v}_k \tag{3-42}$$

表 3-9 给出 ACAS X 基于 RTCA DO-385 给出的本机水平状态跟踪参数。

表 3-9　水平状态跟踪参数

参数名称	取值
过程噪声方差/(ft^2/s^4)	4
观察噪声方差/ ft^2	[2500,0;0,0.001]
初始水平状态	[10000,–150,–2500,40]
初始协方差矩阵	[2500,0,0,0;0,2500,0,0;0,0,16000,0;0,0,0,16000]

定义位置误差如下：

$$\text{RMSE}(k)=\sqrt{\left[x_{\text{ukf}}(k)-x_{\text{real}}(k)\right]^2+\left[y_{\text{ukf}}(k)-y_{\text{real}}(k)\right]^2} \tag{3-43}$$

得到水平状态真实值和无迹卡尔曼滤波(UKF)估计值如图 3-9 所示。

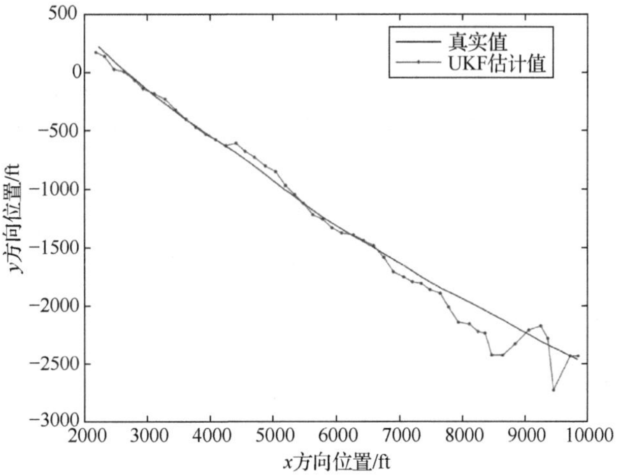

图 3-9　水平状态估计

由图 3-9 可知，由于初始协方差矩阵值较大，在刚开始时，即右下方点，无迹卡尔曼滤波对入侵机的水平状态估计效果不太好，后续随着时间的变化，误差逐渐减小，估计效果较好。

由图 3-10 和图 3-11 可得，随着时间的变化，无迹卡尔曼滤波对入侵机的水平状态跟踪效果越来越好。

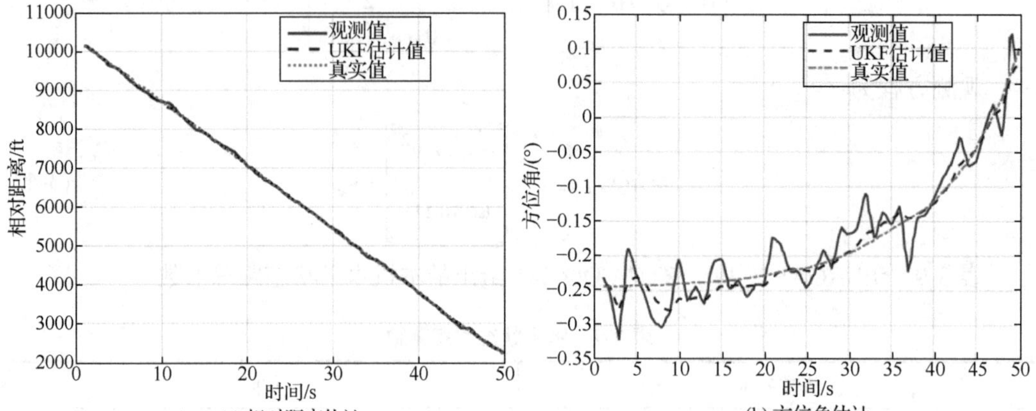

(a) 相对距离估计　　(b) 方位角估计

图 3-10　相对距离和方位角估计

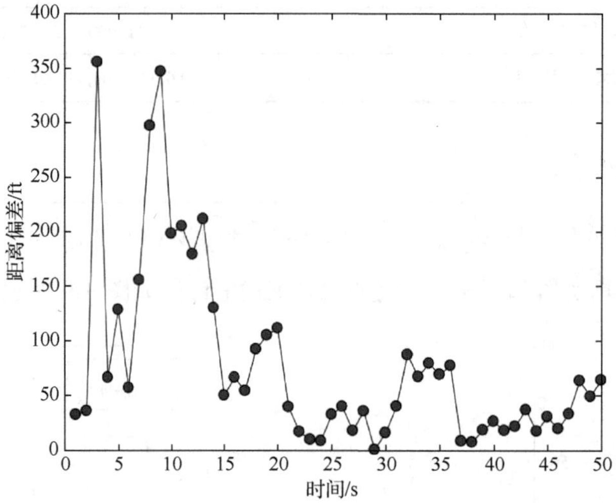

图 3-11　水平状态误差

由图 3-11 可得，无迹卡尔曼滤波对距离估计误差逐渐收敛，具有良好的效果。

3.3.5　航迹文件删除

当航迹文件长时间不更新时，应该将其终止并从航迹数据库中删除。针对不同的监视模式有不同的有效周期，如表 3-10 所示。

表 3-10　航迹终止最大周期

监视模式	周期数
正常监视最大周期	6
降级监视最大周期	10

小　结

本章研究了 STM 的数据处理过程，包括本机、入侵机和协调数据的处理过程。重点研究了 STM 报告生成过程中 14 个算法入口的实现细节，采用卡尔曼滤波对本机和入侵机的垂直状态进行处理，采用无迹卡尔曼滤波对水平状态进行处理，利用马氏距离判断两条航迹是否为同一目标的航迹。

习　题

3-1 简述 WGS-84 坐标的含义。

3-2 简述 ECEF 坐标的含义。

3-3 简述 ENU 坐标的含义。

3-4 简述监视跟踪处理中本机的信息包括哪些。

3-5 简述监视跟踪处理中他机的信息包括哪些。

3-6 如果本机和他机的坐标系均为 WGS-84 坐标系，请简述将他机的坐标变换到相对于本机 ENU 坐标系的过程。

3-7 卡尔曼滤波中系统的状态方程和量测方程的形式是什么？

3-8 在入侵机高度跟踪滤波中，假设状态变量为高度和高度率，则卡尔曼滤波的状态方程和量测方程的形式是什么？

第 4 章　无人驾驶航空器避让决策方法

决策机制是 DAA 系统中最关键的部分，决策机制实现得好坏对无人驾驶航空器的自主性以及安全性有很大的影响，所以对于无人驾驶航空器 DAA 系统中决策机制的研究是非常有必要的。对于无人驾驶航空器来说，接收到传感器数据之后，是否需要规划路径来避开潜在的威胁，并不能通过简单的逻辑判断，是需要一种决策机制的，具体就是行为的优先级，动作序列的确定。由于当前采取的每一种决策对于结果的影响是不确定的，即不能确定决策是否有利于无人驾驶航空器避开威胁，所以不能单纯考虑当前的每一个动作对结果的影响，而是需要一种决策机制。

本章首先对典型决策算法的原理进行了阐述，主要包括认知主导决策(RPD)模型原理、模糊认知图(FCM)模型原理、马尔可夫决策过程(Markov decision process，MDP)基本原理。

4.1　RPD 模型

认知主导决策(RPD)模型是一种基于自然决策理论的决策模型。RPD 模型是一种运用以往经验对当前状况进行评估并选择一种可行行动方案的决策模型。RPD 模型中关注的是决策者拥有的经验，这是影响决策行为的最重要因素。通常认为，决策环境是决策者的观念、经验的总和，决策者在进行决策时，首先要对周围环境进行认知，然后基于经验知识库生成一种决策方案。

RPD 模型用线索、目标、期望和行动方案这 4 种因素系统地描述了决策者的认知过程。

(1) 线索：表示从环境中感知或探测到的信息的反馈，可以理解为决策者对当前状况的感知反应，线索就是决策者经验中的片段综合而成的。

(2) 目标：表示决策者期望达到的终止状态，是引导决策的关键因素。

(3) 期望：表示决策者对当前状态的未来发展期望，同时也是一种评估标准，决策者依据这些标准评估对决策做出修正。

(4) 行动方案：表示的是决策者在当前状态下可能采取的一系列行动，决策者会根据目标、期望、线索判断选择的行动方案是否满足当前状况。

RPD 机制的执行流程如图 4-1 所示，RPD 模型主要包括两个过程：一个过程是评估当前的环境状况，然后确认哪些行动是符合当前状况的；另一个过程是评估行动方案判断行动是否有效。首先对当前环境状况进行感知，然后判断是否有相似的状况在经验中出现过，如果有，就会进入 RPD 认知过程，否则就继续获取更多的环境信息，直到有相似的状况能从经验中匹配到。RPD 认知过程就是根据相似的状况，寻找线索，然后根据

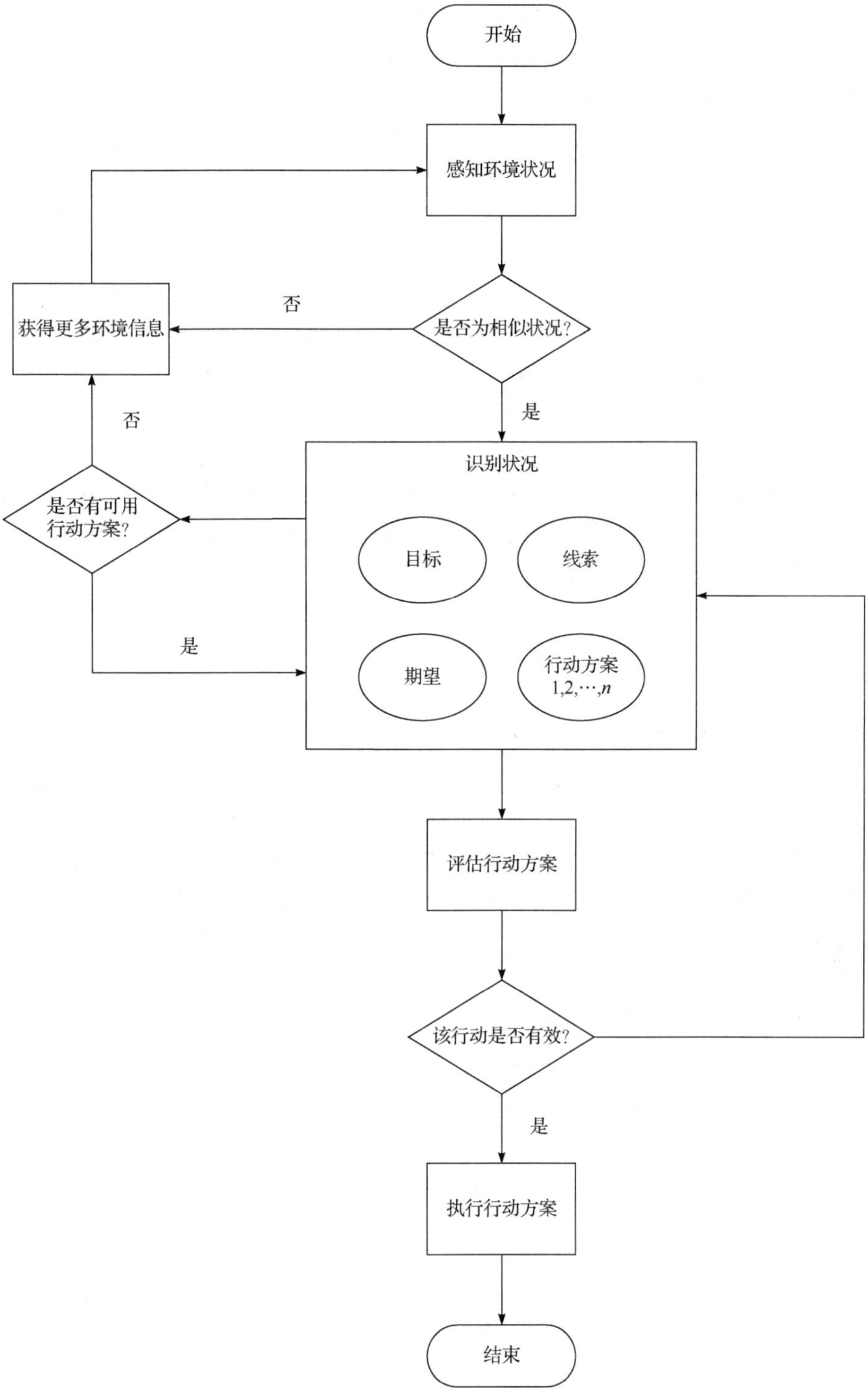

图 4-1　RPD 机制的执行流程

目标以及期望来评估行动方案，在一系列的行动方案中，RPD 模型运用专家的经验，并从中找到与当前状况匹配的状况，并根据之前的经验决策出行动方案。如果该行动是有效的，则执行该行动并结束决策；否则重新进入 RPD 认知过程。RDP 模型给出了一个结构清晰的决策循环，而不是一种简单的匹配。

通常，PRD 模型的经验知识库就是由线索、目标和行动构成的，因为 RPD 模型是基于曾经应对过的状况和当时所设定的目标以及执行过的行动来构建经验知识库的。曾经在相似状况下的行动方案就是面对当前状况时，考虑的行动方案。进一步说，RPD 模型的问题在于它的决策是依赖于经验知识库的，对于应用到无人驾驶航空器 DAA 问题，就需要建立一个经验知识库。对于有人驾驶航空器，通常可以对飞行员的驾驶信息进行记录，在经过了大量的飞行训练后，飞行员对于不同的状况都有特定的应对模式，所以经验知识库的构建是可行的。可以通过对飞行员的经验进行建模，并构建经验知识库来记录飞行员在应对不同状况下，根据设定的目标，而采取的行动。问题在于，把这个经验知识库直接应用到无人驾驶航空器上是不可行的。无人驾驶航空器与有人驾驶航空器的飞行空域以及所遇到的状况可能差别比较大。小型无人驾驶航空器需要面临低空近距离避免碰撞的问题，而且飞行员经验知识库的构建也是一个工作量比较庞大的过程，同时，这个库需要经过一定的改进才能适用于无人驾驶航空器。

4.2　FCM 模型

FCM 模型是应用于系统的决策建模的经典模型，它是 Kosko 在 1986 年提出，是模糊系统和神经网络的结合。FCM 模型的优点在于：有良好的推理、可解释性以及能够较好地表示结构性知识。FCM 模型其实是一种推理机制，它可以使用有向图来表示，其中，节点表示概念或状态，有向弧表示概念节点之间的因果关系。有向弧的起点是因果关系中的原因称为原因节点，有向弧的终点是因果关系中的结果称为结果节点，而有向弧的权值则表示原因对结果的影响程度。FCM 模型的权值可以用矩阵来表示，一般称为关联矩阵。

假设一个 FCM 模型的概念节点集合为 $\boldsymbol{C}=\{C_1,C_2,C_3,\cdots,C_N\}$，$C_i$ 是系统第 i 个概念节点，$e_{i,j}$ 是有向弧 C_iC_j 的权重，将权重的范围设为 $e_{i,j}\in[-1,1]$，E 是 FCM 模型的关联矩阵，通常 $E=(e_{i,j})$。FCM 决策机制的执行流程如图 4-2 所示。

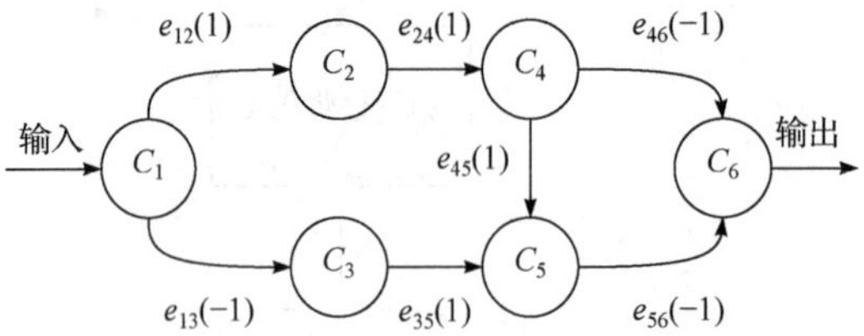

图 4-2　FCM 决策机制的执行流程

FCM 模型中，有向弧的权值 $e_{i,j}$，用于表示一种因果影响程度，它表示第 i 个概念节点对第 j 个概念节点的因果影响程度，换句话说，就是概念节点 i 对转换成概念节点 j 表示的状态有多大程度的影响。对于每个概念节点 C_i 都有一个状态值描述了它的强度，这个状态值在 $\{0,1\}$ 里面取值。如果 $e_{i,j}>0$ ，意味着因果影响是正相关的，即 C_i 节点的状态值增加，则 C_j 的状态值也会随着增加；如果 $e_{i,j}<0$ ，就表示因果影响是负相关的，若 C_i 节点的状态值增加，则 C_j 节点的状态值降低；如果 $e_{i,j}=0$ ，则说明概念节点 C_i 与概念节点 C_j 之间没有因果关系，互不影响。因此 $e_{i,j}$ 可以用于表示两个概念之间的因果关系，它的推理过程如式(4-1)所示。

$$V_{cj}(t+1)=f\left(\sum_{\substack{i=1\\ i\neq j}}^{n}V_{ci}(t)e_{i,j}\right) \tag{4-1}$$

考虑在离散时间内，$V_{cj}(t+1)$ 表示下一个时间步 $t+1$ 时 C_j 的状态值，而 $V_{ci}(t)$ 表示在 t 时间步 C_i 的状态值， f 表示变换函数。变换函数通常来说就是指系统是如何将系统值转换到 $[0,1]$ 区间的，变换函数在实际应用中多数采用 S 形曲线函数。各概念节点的状态值会随着时间的推移而变化，当系统进行多次迭代后，最终收敛到一种平衡状态或是一种极限环状态。平衡状态是指系统中各概念节点的值不再随着时间变化，而是趋向于一个稳定值，否则成为极限环状态，即不稳定。

FCM 的系统结构一般是由领域专家来构建的，例如，概念节点 i 和概念节点 j 的因果关系是什么，这个系统中应该包含哪些因果关系，这都是需要人工来指定的。FCM 非常依赖领域专家的知识和经验，构建系统的时候需要专家反复地对系统进行描述，工作量巨大。对于这个问题，很多学者开始研究如何从历史数据学习 FCM 权值，但是使用诸如遗传算法等智能算法学习权值的计算量巨大，速度很慢。

4.3 MDP 模型

马尔可夫决策过程描述了强化学习的基础架构，多用于序列决策的问题，马尔可夫过程(Markov process，MP)和马尔可夫奖励过程(Markov reward process，MRP)经过扩展，得到了马尔可夫决策过程。因为理论之间较强的关联性，在阐述马尔可夫决策过程之前，有必要对马尔可夫过程和马尔可夫奖励过程进行介绍。

4.3.1 马尔可夫过程

马尔可夫过程是一种描述随机动态系统的重要工具，主要是由状态和状态转移概率组成。状态是马尔可夫过程在某一特定时刻的完整描述，也是对当前环境的多维度的感知，它代表了系统在该时刻的所有相关信息，这些信息足以决定系统未来的行为。状态一般用符号 S 来表示，例如，在图 4-3 中， S_1 和 S_2 表示两个不同的状态，且这两个状态可以相互转换。

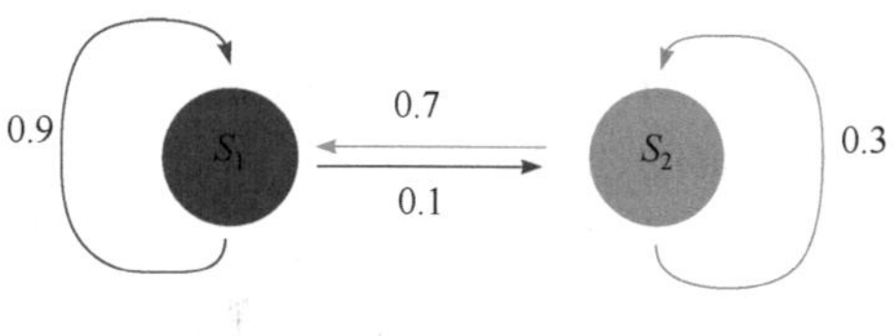

图 4-3　状态转移示意图

图 4-3 中箭头两侧的数字表示状态转移概率，也可以用矩阵的形式列出，如表 4-1

所示，此时这个表也可以称为状态转移矩阵。

表 4-1　状态转移概率表

状态	S_1	S_2
S_1	0.9	0.1
S_2	0.7	0.3

如果一个过程$\{S_t\}$是马尔可夫过程，那么对于所有可能的状态和时间点，它满足以下条件：

$$P(S_{t+1} \mid S_t) = P(S_{t+1} \mid S_1, S_2, \cdots, S_t) \tag{4-2}$$

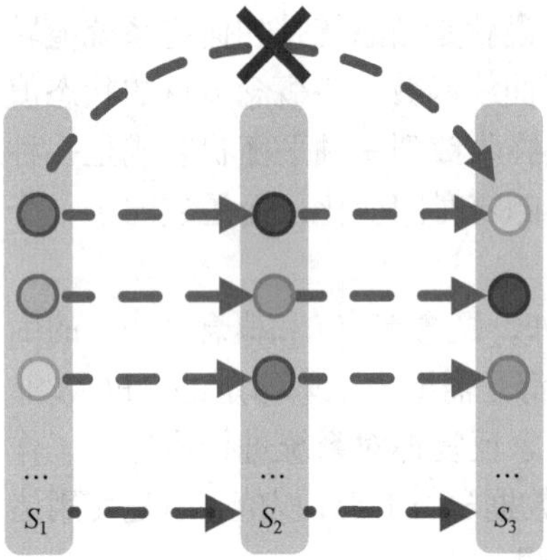

图 4-4　马尔可夫性质示意图

其中，$P(S_{t+1} \mid S_t)$表示在发生事件S_t的情况下，发生事件S_{t+1}的概率；$P(S_{t+1} \mid S_1, S_2, \cdots, S_t)$表示在发生事件$S_1, S_2, \cdots, S_t$的情况下，发生事件$S_{t+1}$的概率。左右相等，说明状态$S_t$所含有的信息，等价于事件$S_1, S_2, \cdots, S_t$的信息，在状态$S_t$下和状态$S_1, S_2, \cdots, S_t$下$S_{t+1}$发生的概率相等，两者对下一个状态的影响是相等的。这种性质就是马尔可夫性质或者是无记忆性，在马尔可夫过程中，这种转移仅依赖于当前状态，而不依赖于过去的状态。如图 4-4 所示，图中有三个状态S_1、S_2和S_3，后一个状态只能由前一个状态决定，状态S_3不能由状态S_1直接获得。

4.3.2　马尔可夫奖励过程

马尔可夫奖励过程是在马尔可夫过程的基础上添加了奖励函数R和折扣因子γ，马尔可夫奖励过程是由状态、状态转移概率、奖励函数和折扣因子组成的。其中，奖励函数对应着状态转移，在状态变化时，环境给智能体的即时奖励。奖励函数R_{t+1}表示状态S_t在转换为状态S_{t+1}时所产生的奖励表达式，如式(4-3)所示，表明奖励R_{t+1}是状态转移的函数。

$$R_{t+1} = F(S_t \to S_{t+1}) \tag{4-3}$$

如果智能体转换过程中，出现了很多种状态，那么这些状态就组成了一条状态链，也称为马尔可夫链，马尔可夫链是一个序列决策问题，求解该序列决策的关键是采取合适的方法对马尔可夫链的值进行评估，找到价值最高的马尔可夫链，从而求得最理想的状态转移的过程。

对于马尔可夫链的评估，采用实时奖励之和的形式，这时的奖励称为长期奖励，状态S_t开始的马尔可夫链的价值用长期奖励G_t表示为

$$G_t = R_{t+1} + R_{t+2} + R_{t+3} + \cdots \tag{4-4}$$

在式(4-4)中，未来的奖励是不确定的，可能受到多种因素的影响。通过引入折扣因子，可以对未来的奖励进行折扣处理，以反映这种不确定性。折扣因子γ是一个介于 0 和 1 之间的常数。在马尔可夫链中，折扣因子用于控制未来回报的重要性、避免奖励趋向无穷以及调整策略倾向等方面，使智能体在决策过程中更加灵活和具有更强的适应性。则加入折扣因子的长期奖励的表达式可以改写为

$$G_t = R_{t+1} + \gamma R_{t+2} + \gamma^2 R_{t+3} + \cdots = \sum_{k=0}^{\infty} \gamma^k R_{t+k+1} \tag{4-5}$$

折扣因子影响价值的衡量，未来的奖励在决策过程中的影响越大，智能体可能会更加倾向于选择那些能够获得长期高回报的策略。而当折扣因子较小时，智能体则可能更加关注当前的奖励，选择那些能够获得即时回报的策略。

马尔可夫奖励过程中，用即时的奖励衡量状态转移$S_t \to S_{t+1}$的价值，用长期奖励衡量状态转移链的总价值，单个状态的价值也需要有一个合理的变量来衡量，于是就出现了状态价值函数，如图 4-5 所示。

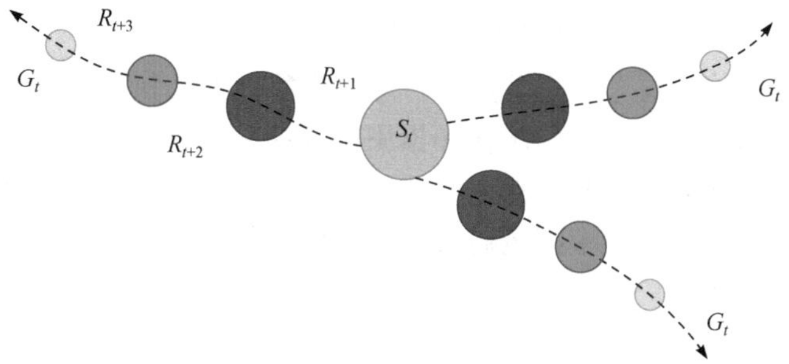

图 4-5　某一状态价值函数示意图

状态价值函数是用来描述某一状态S_t的价值的函数，通常用$V(S)$来表示。如图 4-5 所示，对于某一个状态S_t，存在多条马尔可夫链是以S_t为起点的，那么状态S_t的价值就不能用单一的某一条马尔可夫链的价值表示，而是用以S_t为起点的所有的马尔可夫链的价值的期望作为该状态的状态价值衡量的指标。则状态价值函数可以表示为

$$V(s) = E[G_t \mid S_t = s] \tag{4-6}$$

将G_t代入，可以得出

$$V(S_t) = E[R_{t+1} + \gamma V(S_{t+1})] = E(R_{t+1}) + E[\gamma V(S_{t+1})] \tag{4-7}$$

式(4-7)就是贝尔曼期望方程，为估计状态值函数提供了一种有效的递归计方法。在此基础上，马尔可夫决策过程产生。

4.3.3　马尔可夫决策过程

马尔可夫决策过程是在马尔可夫奖励过程的基础上增加了“决策”的维度，即引入了动作选择，让智能体在不同的状态下能够做出决策，基本构成要素为状态、状态转移概率、奖励、折扣因子和动作，是指智能体在某一状态下可以采取的某种操作或行为。

它是智能体在面对环境时做出的决策，用于影响状态的转移和奖励，如图 4-6 所示。

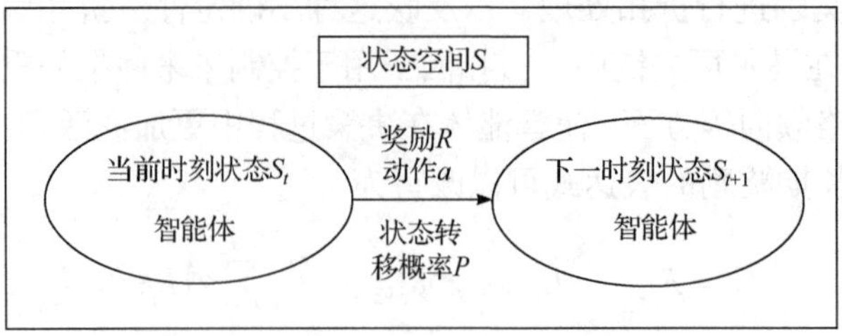

图 4-6　马尔可夫决策过程基本框架

在马尔可夫决策过程中，动作通常定义为集合 A，即动作空间，对于给定的状态 s，智能体可以从动作空间 A 中选择一个动作 $a \in A(s)$，其中 $A(s)$ 表示状态 s 下可用的所有的动作的集合，在不同的状态下有不同的动作集合，动作集合由在当前状态下，智能体可以执行的所有动作组成。策略 π 是智能体在某一状态下动作的状态分布，通常用符号 $\pi(a|s)$ 表示状态 s 下选择动作 a 的概率。如式（4-8）所示：

$$\pi(a|s) = P[A_t = a | S_t = s] \tag{4-8}$$

策略决定了智能体在每个状态下如何行动。智能体通过执行策略，在不同的状态下选择相应的动作，从而控制状态的转移和累积奖励的获得。策略的核心目标是最大化智能体的累积奖励，即在未来时间步骤中所获得的总奖励。这通常通过选择适当的动作序列来实现。具体而言，智能体根据策略选择的动作不仅影响即时奖励，还会影响将来的状态，从而影响长期回报，如图 4-7 所示。

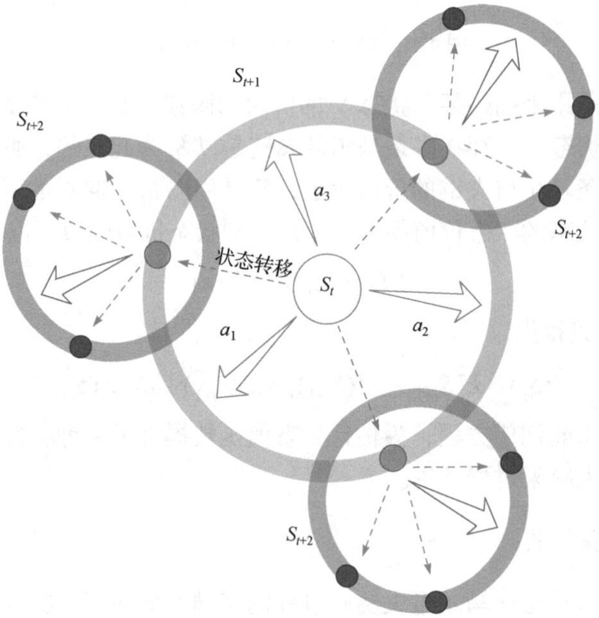

图 4-7　状态转移示意图

如图 4-7 所示，在马尔可夫决策过程中，转移通常是随机的，在同一个状态下采取

相同的动作，会以不同的概率转移到不同的下一状态，这也是系统随机性的体现，状态转移概率表示为

$$P_{S_tS_{t+1}|\ a} = P\left[s \to S_{t+1}|\ S_t = s, A_t = a\right] \tag{4-9}$$

进而得到状态价值函数：

$$V_\pi\left(S_t\right) = \sum_{a \in A_t} \pi\left(a|\ S_t\right)\left[E\left(R_{t+1}|\ A_t = a\right) + \gamma \cdot \sum_{S_{t+1} \in S} P_{S_t,S_{t+1}|\ a} \cdot V\left(S_{t+1}\right)\right] \tag{4-10}$$

4.4　无人驾驶航空器 DAA 中决策机制的设计

4.4.1　基于 DAIDALUS 算法的 MDP 模型建立

在对无人驾驶航空器飞行过程中的决策问题进行建模时，既要考虑符合实际，也要具有可行性，对该模型做出如下假设：

(1) 所有的无人驾驶航空器都是理性个体，威胁机与本机之间不存在沟通；

(2) 只考虑本机的机动，不考虑威胁机相互之间的机动；

(3) 忽略所有航空器的探测和跟踪误差。

1. 状态空间

状态空间中包含了无人驾驶航空器当前的位置、速度和方向信息。通过无人驾驶航空器传感器，如 ADS-B、GNSS、雷达和风速传感器等感知周围环境中其他飞行器和障碍物的位置和状态，以及与其相关的碰撞风险信息。这些信息组成了一个状态向量，在 t 时刻的状态向量 $\boldsymbol{S}_t$ 可以表示为

$$\boldsymbol{S}_t = [x_t, y_t, z_t, v_{th}, v_{tv}, h_t, O_t, w_t]^{\mathrm{T}} \tag{4-11}$$

其中，x_t、y_t、z_t 分别表示在 t 时刻本机的经度、纬度和高度坐标；v_{th}、v_{tv} 分别表示无人驾驶航空器在 t 时刻的水平、垂直速度；h_t 表示本机的方向；O_t 表示威胁机的状态信息；由于 DAIDALUS 算法需要风速等外部环境信息的输入，用 w_t 表示 t 时刻的风状态。

则状态空间可以表示为

$$S = \{S_1, S_2, S_3, \cdots, S_n\} \tag{4-12}$$

其中，n 为状态个数。

在无人驾驶航空器的感知与规避的问题中，坐标系是连续的，但是连续的坐标导致状态数量无限或极大，从而使得存储和计算变得非常复杂。这会使得求解算法难以应用，因为它们依赖于遍历所有可能的状态。因此需要对坐标系进行离散化，实现连续空间向离散空间的转化。

在进行坐标系离散化时，首先需要定义坐标范围及其分辨率。对于每个维度，计算出每个离散区间的宽度，并生成相应的离散状态值。通过将连续坐标映射到这些离散区间，能够有效地将位置状态量化为有限的离散状态。以 x 轴为例，对于坐标维度，定义

其极值 $x_{\max}$ 和 $x_{\min}$，确定合适的离散区间的数量 n，并计算每个维度的区间宽度：

$$\mathrm{wid}_x = \frac{x_{\max} - x_{\min}}{n_x} \tag{4-13}$$

并生成离散状态值集合：

$$x_s = \{x_{\min} + i \cdot \mathrm{wid}_x \mid i = 0, 1, \cdots, n_x\} \tag{4-14}$$

对于给定的 x 坐标，找到其对应的离散状态 s_x：

$$s_x = \arg\min(i \mid x_s[i] \leqslant x < x_s[i+1]) \tag{4-15}$$

通过映射的方式将连续的坐标系转换为离散的坐标，且可以方便后面的求解。

2. 动作空间

将DAIDALUS算法的输出作为动作空间，无人驾驶航空器可以直接采取DAIDALUS算法建议的动作，从而避免了在MDP中显式地定义动作空间。

DAIDALUS输出通常包含以下几类规避建议：航向调整、速度调整和垂直机动。为了在模型设计和实现中更加高效地使用，将DAIDALUS算法的建议动作进行合并、简化，以优化动作空间。通过减少动作的数量或调整动作的粒度，来使模型更具可行性和实用性，同时尽可能保留决策的有效性和实用性。

映射过程的核心在于如何将 DAIDALUS 算法输出的规避建议，转化为马尔可夫决策过程中的具体动作。这意味着需要将DAIDALUS提供的针对空中冲突的航向调整、速度调整、垂直机动等操作建议，与MDP动作空间中表示无人驾驶航空器控制指令的各个动作元素进行一一对应。

DAIDALUS的规避策略映射到无人驾驶航空器的六个基本动作，动作集合如式(4-16)所示：

$$A^* = \{a_{\mathrm{le}},\ a_{\mathrm{ri}},\ a_{\mathrm{up}},\ a_{\mathrm{do}},\ a_{\mathrm{ac}},\ a_{\mathrm{de}}\} \tag{4-16}$$

其中，a_{le}、a_{ri}、a_{up}、a_{do}、a_{ac}、a_{de} 分别表示无人驾驶航空器在飞行过程中左转、右转、增加和减少飞行高度、加速和减速飞行。无人驾驶航空器动作集合如图4-8所示。

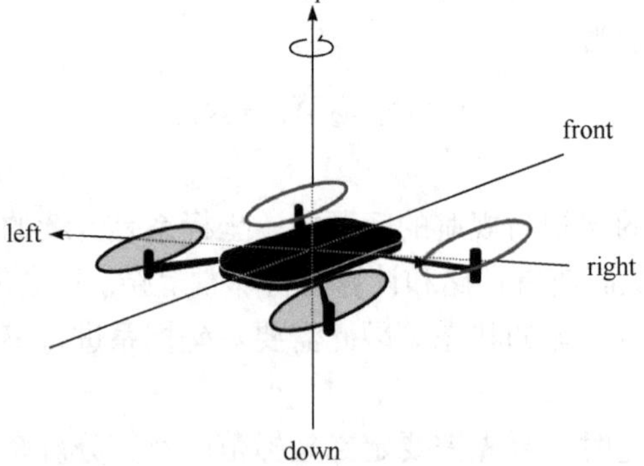

图4-8　无人驾驶航空器动作集合

DAIDALUS 规避策略与无人驾驶航空器动作空间映射关系如表 4-2 所示。

表 4-2　DAIDALUS 规避策略与无人驾驶航空器动作集合映射表

DAIDALUS 规避策略	无人驾驶航空器动作
改变航向-向左转	左移
改变航向-向右转	右移
改变高度-上升	上升
改变高度-下降	下降
改变速度-加速	前进加速
改变速度-减速	前进减速

A^* 只表示的是动作集合，在 t 时刻的动作集 A 是否包含 A^* 中某一元素，是由 DAIDALUS 根据状态空间 S_t 计算所得。A^* 与 A 的关系为

$$A \subseteq A^* \tag{4-17}$$

基于动态调整的动作空间，状态转移概率和状态转移矩阵都需要随之调整。

3. 奖励函数

奖励函数反映了问题的目标和优先级，是任务目标在算法中的数学表达。它通过对每个状态和动作的即时回报建模，直接影响智能体选择的策略，从而影响任务执行的效果。奖励函数用于评估每个状态和动作组合的价值，指导智能体选择最优策略。对于无人驾驶航空器感知规避问题，奖励函数的设计直接影响到无人驾驶航空器在复杂空域中如何执行规避动作，以避免空中冲突并完成任务。该奖励函数采用多方面引导，主要从航空器间隔、碰撞约束、经济因素和终端约束方面考虑，设计奖励函数。将有利于实现最优决策的行动设置为正奖励，为可能造成冲突隐患的行动设置负奖励，即惩罚，通过这种方式可以获得符合最大收益的期望策略。

1) 航空器间隔

航空器之间的间隔可以分为水平间隔和垂直间隔，间隔是判断本机飞行策略优劣的基础，间隔越小，表明本机飞行过程中的安全性越低。水平间隔 D_{ih} 与垂直间隔 D_{iv} 的计算方法可以表示为

$$D_{ih} = \text{dis}\left\langle X_{0h}^t, X_{ih}^t \right\rangle = \sqrt{(x_0^t - x_i^t)^2 + (y_0^t - y_i^t)^2} \tag{4-18}$$

$$D_{iv} = \text{dis}\left\langle X_{0v}^t, X_{iv}^t \right\rangle = \sqrt{(z_0^t - z_i^t)^2} \tag{4-19}$$

则航空器间隔的奖励函数可以分为水平方向的奖励和垂直方向的奖励，表示为

$$R_i^t(S_{t+1} \mid S_t, a_t) = R_{ih}^t(S_{t+1} \mid S_t, a_t) + R_{iv}^t(S_{t+1} \mid S_t, a_t) \tag{4-20}$$

水平方向上的奖励 $R_{ih}^t(S_{t+1} \mid S_t, a_t)$：

$$R_{ih}^{t}(S_{t+1} \mid S_t, a_t) = K_h \cdot \frac{\operatorname{dis}\left\langle X_{0h}^{t}, X_{ih}^{t} \right\rangle}{\sum_{i \in N} \operatorname{dis}\left\langle X_{0h}^{t}, X_{ih}^{t} \right\rangle} \tag{4-21}$$

其中，K_h 表示水平方向的安全系数：

$$K_h = \begin{cases} 100, & D_{ih} \geqslant 4000\text{ft} \\ -1000, & D_{ih} < 4000\text{ft} \end{cases} \tag{4-22}$$

垂直方向上的奖励 $R_{iv}^{t}(S_{t+1} \mid S_t, a_t)$：

$$R_{iv}^{t}(S_{t+1} \mid S_t, a_t) = K_v \cdot \frac{\operatorname{dis}\left\langle X_{0v}^{t}, X_{iv}^{t} \right\rangle}{\sum_{i \in N} \operatorname{dis}\left\langle X_{0v}^{t}, X_{iv}^{t} \right\rangle} \tag{4-23}$$

其中，K_v 表示垂直方向的安全系数：

$$K_v = \begin{cases} 100, & D_{iv} \geqslant 450\text{ft} \\ -1000, & D_{iv} < 450\text{ft} \end{cases} \tag{4-24}$$

这里的 4000ft 和 450ft 是参考 RTCA DO-365B 中净空模型在水平和垂直方向上的距离阈值。安全系数的设置可以减少净空入侵的情况。

2) 碰撞约束

规避碰撞的奖励是无人驾驶航空器感知规避任务中关键的一部分，因为碰撞会直接导致任务失败或发生严重后果。在设计规避碰撞的奖励时，需要考虑如何有效引导无人驾驶航空器在飞行过程中避免与其他飞行器或障碍物发生碰撞。因此当无人驾驶航空器发生碰撞时，奖励函数应该给出极大的负值惩罚。

首先要计算不同航空器与本机之间的距离 D_i：

$$D_i = \operatorname{dis}\left\langle X_0^t, X_i^t \right\rangle = \sqrt{(x_0^t - x_i^t)^2 + (y_0^t - y_i^t)^2 + (z_0^t - z_i^t)^2} \tag{4-25}$$

设置在状态 S_t 转变到状态 S_{t+1} 后碰撞奖励函数 $R_c^t(S_{t+1} \mid S_t, a_t)$ 为

$$R_c^t(S_{t+1} \mid S_t, a_t) = \begin{cases} -\infty, & D_i < D_{\min} \\ 0, & D_i \geqslant D_{\min} \end{cases} \tag{4-26}$$

其中，$D_{\min}$ 表示安全阈值，如果距离最近的航空器与本机的距离 D_i 小于安全阈值，则可以看作发生了碰撞，设置一个无穷小的常数，用以表示碰撞的惩罚。

3) 经济因素

经济因素是无人驾驶航空器执行飞行任务过程中影响成本和资源利用效率的关键变量。这些因素通常包括飞行时间、能量消耗、资源利用率和维护成本等，这些指标在任务执行过程中影响无人驾驶航空器的运营费用和资源的优化分配。设置经济因素的目的是在确保无人驾驶航空器规避效果的前提下，通过对经济因素的优化，控制无人驾驶航空器的运营成本，提高任务的整体效率。将飞行时间和能量消耗作为衡量经济因素的标准。

首先要考虑一个基于飞行时间的基本惩罚项，表示飞行时间的长度对任务成本的影响。此基础项呈非线性增加，越接近任务允许的最大时间，惩罚越高。

$$R_{f1}^{t}(S_{t+1} \mid S_t, a_t) = -\alpha_1 \cdot \left(\frac{T}{T_{\max}}\right)^{\alpha_2} \tag{4-27}$$

其中，α_1、α_2 为调节系数；T 为当前飞行时间；$T_{\max}$ 为最大飞行时间。

为了反映当前任务进展与剩余时间之间的关系，加入一个剩余时间的压力项。随着当前时间 T 接近 $T_{\max}$，该项惩罚逐渐增大，鼓励无人驾驶航空器加快完成任务，特别是在剩余时间不足时。设置剩余时间压力项奖励为

$$R_{f2}^{t}(S_{t+1} \mid S_t, a_t) = -\alpha_3 \cdot \frac{1}{1+\mathrm{e}^{-(T-T_{\max}/2)}} \tag{4-28}$$

其中，α_3 为压力惩罚项的权重。

引入一个能量消耗的惩罚项，使得当剩余能量不足时，飞行时间的代价更高，以激励无人驾驶航空器在低能量状态下缩短飞行时间。这一项模拟了无人驾驶航空器为节省能量而缩短飞行时间的倾向：

$$R_{f3}^{t}(S_{t+1} \mid S_t, a_t) = \alpha_4 \cdot \ln\left(1+\frac{E_r}{E_t}\right) \tag{4-29}$$

其中，α_4 为调节系数；E_r 和 E_t 表示当前剩余能量和总能量。

所以考虑经济因素的奖励函数为

$$R_{f}^{t}(S_{t+1} \mid S_t, a_t) = -\alpha_1 \cdot \left(\frac{T}{T_{\max}}\right)^{\alpha_2} - \alpha_3 \cdot \frac{1}{1+\mathrm{e}^{-(T-T_{\max}/2)}} + \alpha_4 \cdot \ln\left(1+\frac{E_r}{E_t}\right) \tag{4-30}$$

4) 终端约束

终端约束的首要目的是确保无人驾驶航空器在执行任务时能够到达预定的目标位置或状态，确保无人驾驶航空器在空间上成功到达目标。明确的终端约束可以帮助算法在生成策略时更加关注最终目标，从而提高决策的质量与效率。

在状态 S_t 时无人驾驶航空器本机与终点的距离表示为

$$D_g = \mathrm{dis}\left\langle X_0^t, X_g \right\rangle = \sqrt{(x_0^t - x_g)^2 + (y_0^t - y_g)^2 + (z_0^t - z_g)^2} \tag{4-31}$$

无人驾驶航空器到达终点的奖励函数可以设置为

$$R_{g}^{t}(S_{t+1} \mid S_t, a_t) = \begin{cases} 1000, & D_g \leqslant D_h \\ 0, & D_g > D_h \end{cases} \tag{4-32}$$

其中，D_h 是距离阈值，当本机与终点之间的距离小于等于该阈值时，可以看作无人驾驶航空器已经到达了终点。

综上，无人驾驶航空器从状态 S_t 转变到状态 S_{t+1} 的总收益函数为航空器间隔收益、碰撞收益、经济因素收益和终端收益之和，即

$$R^{t}(S_{t+1} \mid S_t, a_t) = R_{i}^{t}(S_{t+1} \mid S_t, a_t) + R_{c}^{t}(S_{t+1} \mid S_t, a_t) + R_{f}^{t}(S_{t+1} \mid S_t, a_t) + R_{g}^{t}(S_{t+1} \mid S_t, a_t) \tag{4-33}$$

4.4.2　动态规划算法

解决马尔可夫决策过程的一种常见方法是使用动态规划算法。动态规划算法可以在已知环境的状态转移概率和奖励函数的情况下，通过反复迭代来求解最优策略。这些算法的核心思想是递归地更新每个状态的值函数，从而找到最佳动作选择。常用的动态规划算法主要包括策略迭代和值迭代。

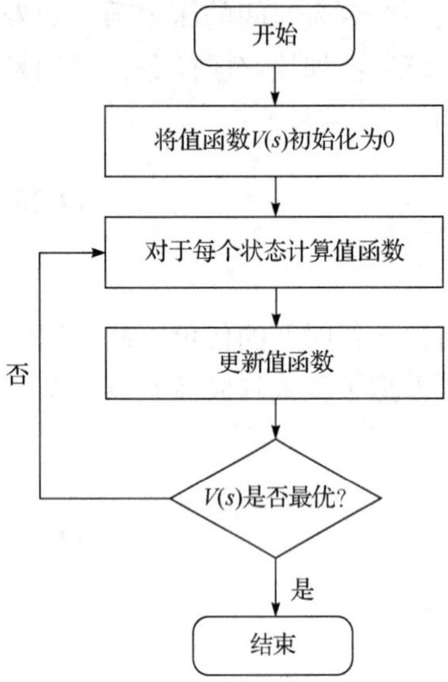

图 4-9　值迭代流程图

策略迭代在每次迭代后产生一套完整策略，便于理解和分析。对于需要动态调整策略的场景，如动态规划路径或多阶段决策问题，这种特性非常有利，但是策略迭代中的策略评估需要较多的计算资源，在每次评估过程中需要对当前策略的所有状态进行一次全面计算，耗时较长，且收敛效率受初始策略影响较大，不同的初始策略可能导致算法在较优或次优解上徘徊，适当的初始化对最终结果有一定影响。值迭代直接应用贝尔曼最优方程更新值函数，无须预定义策略。每次更新时都在接近最优值函数，结构简洁明了，只需要重复更新每个状态的值函数，不需要在更新策略的过程中处理策略改进的环节，相对容易编程和实现。值迭代的流程图如图 4-9 所示。

DAIDALUS-MDP 值迭代算法的伪代码如表 4-3 所示。

表 4-3　DAIDALUS-MDP 值迭代算法伪代码

算法：DAIDALUS-MDP 值迭代算法

```
初始化状态空间 S ，动作空间 A ，状态转移概率 P ，奖励函数 R ，折扣因子 γ ，随机的策略 π ，状态值函数 V(s)=0
  for t = 0,1,⋯,T :
    if 本机到达终点：
      break;
    else：
      DAIDALUS 算法计算所有可行的避让动作，并生成动作空间 A
      对于每个动作 a∈A ，计算其动作价值 Q
      选取 Q 的最大值
      更新价值函数 V(s)
选定并输出最优动作 a 和路径
    end
  end for
```

4.4.3 仿真案例

1. 仿真环境搭建

在无人驾驶航空器飞行过程中，用 GNSS 信号实现对自身的态势感知，用 ADS-B 等实现对他机的感知，使用全球导航卫星系统信号模拟器和无人驾驶航空器 ADS-B 信号模拟系统分别生成本机和他机的态势信息。

GNSS 信号模拟器在模拟无人驾驶航空器位置时，提供了一系列精确控制和场景构建的功能，使其成为无人驾驶航空器模拟定位的重要工具。GNSS 信号模拟器用于模拟本机接收到的卫星导航信号，生成多种真实场景的卫星信号，以便测试和验证导航设备的性能。在无人驾驶航空器应用中，GNSS 信号模拟器可提供高精度的本机位置信息，通过在实验室或受控环境下模拟真实的卫星信号，帮助检测导航系统的定位精度、响应速度和抗干扰能力。这样，不需要外部实际卫星信号也能精确测试无人驾驶航空器在动态环境下的导航系统，从而确保在各种复杂飞行条件中的定位稳定性与可靠性。GNSS 信号模拟器主界面如图 4-10 所示。

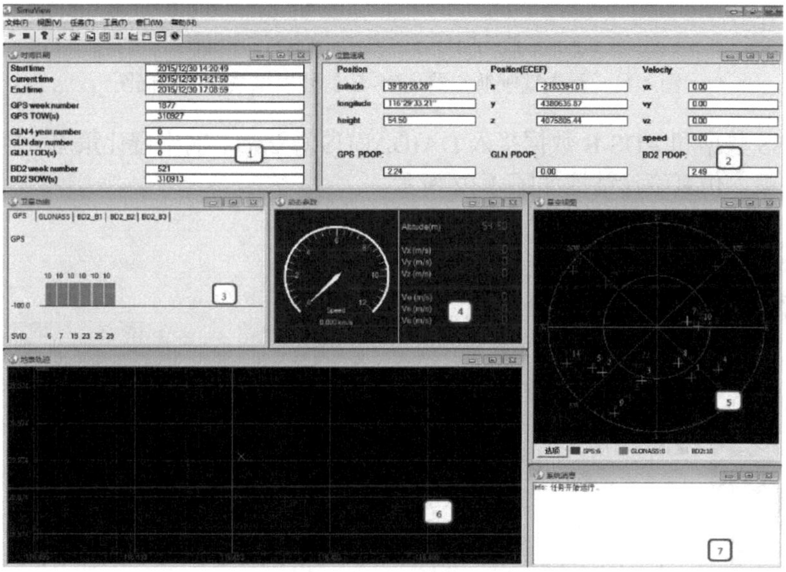

图 4-10 GNSS 信号模拟器主界面

ADS-B 系统依赖于飞行器上安装的设备，这些设备能够自动地、定期地广播飞机的位置信息和状态信息。其他飞行器和地面站可以接收这些广播信息，实现更有效的空中交通管理和飞行安全。进行该实验的关键在于 ADS-B 信号源的产生，考虑到真实的 ADS-B 数据受到实际飞行和交通情况的限制，难以对特定场景进行准确设计和控制，并且数据可能存在不稳定性、数据量不足或不足够多样化的问题，所以采用虚拟的 ADS-B 信号。

无人驾驶航空器 ADS-B 信号模拟系统以 NASA World Wind 三维地理信息系统为基础，使用 JAVA 语言和 Eclipse 开发平台，具有设定飞行计划、飞行计划可视化、添加无人驾驶航空器型号、生成四维航迹和 ADS-B 编码等功能，能够模拟 ADS-B 信号，通过串口将 ADS-B 数据发送出去。无人驾驶航空器 ADS-B 信号模拟系统的主界面如图 4-11 所示，功能栏中各按键分别用于无人驾驶航空器机型管理、飞行计划的管理、图层的设置和进行模拟仿真。显示界面用来使飞行计划可视化和显示无人驾驶航空器的位置信息。

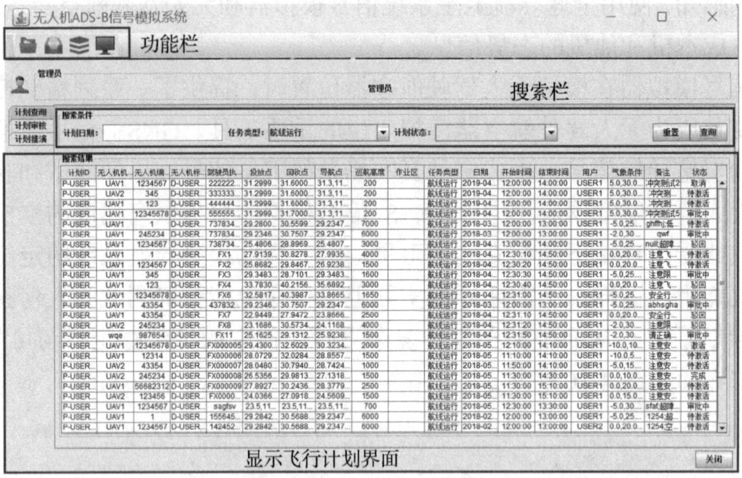

图 4-11　无人驾驶航空器 ADS-B 信号模拟系统主界面图

将 GNSS 数据和 ADS-B 数据接入 DAIDALUS 算法后，输出避让策略，再通过 MDP 算法进行决策。仿真设计结构如图 4-12 所示。

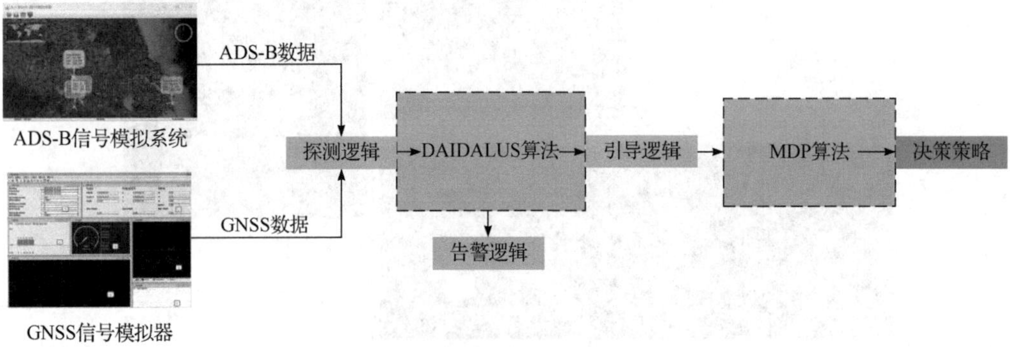

图 4-12　仿真设计结构图

2. 仿真场景设计

为了对 MDP 模型进行验证，设置一个多飞行器共存的空中交通环境，其中本机能够实时检测潜在冲突并生成指导建议，威胁机不具备实时冲突检测和规避的能力。假设在经度、纬度和高度分别为(36°, 116.45°, 0m)到(36.15°, 116.6°, 400m)的空域范围中，存在一架本机以及四架威胁机，本机用 UAV0 表示，飞行轨迹列出了起点和终点以及起始飞行高度。威胁机分别用 UAV1～UAV4 表示，包括起点、终点以及航路点。无人驾驶航空器的飞行轨迹设计如表 4-4 所示。

表 4-4　飞行轨迹设计表

无人驾驶航空器	飞行航路点	飞行高度/m
UAV0	36.03,116.46;36.13,116.57	200
UAV1	36.04,116.59;36.09,116.52; 36.13,116.46	200
UAV2	36,116.45;36.07,116.5; 36.12,116.58	180
UAV3	36.10,116.45;36.08,116.51; 36,116.55	220
UAV4	36.15,116.48;36.05,116.5; 36.00,116.51	200

威胁机的飞行轨迹如图 4-13 所示。

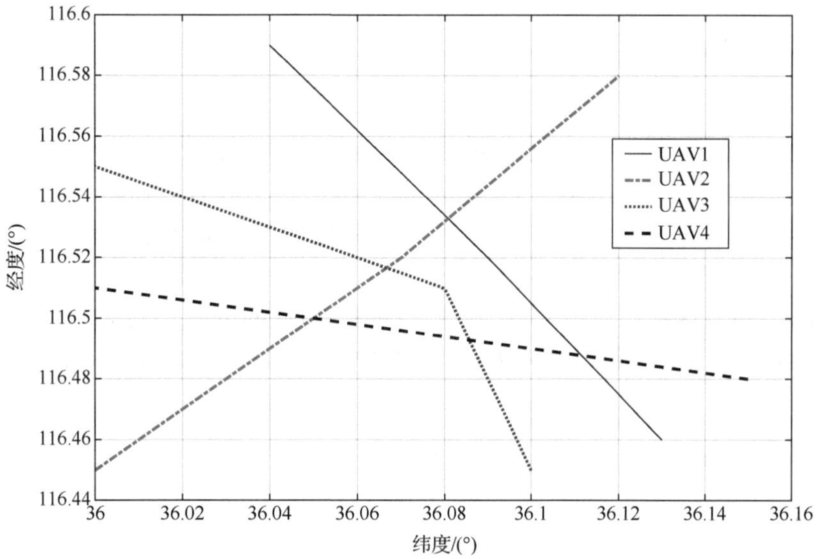

图 4-13　威胁机飞行轨迹图

根据所设置的飞行计划，假设地球是一个球体，根据公式：

$$\begin{cases} L_\varphi = R\Delta\varphi \\ L_\lambda = R\Delta\lambda\cos\varphi \end{cases} \tag{4-34}$$

其中，$\Delta\varphi$ 和 $\Delta\lambda$ 分别为纬度和经度之差；L_φ 和 L_λ 分别为纬度和经度上的距离；R 为地球平均半径 6371km；φ 为纬度。计算出空域的长和宽分别为 16.7km 和 13.5km，将状态空间进行等距离散化。

在进行状态转移概率设置时，考虑到状态转移的不确定性，设置转移到未选择动作对应的状态概率为 0.05，已选择动作对应的状态概率为 $1-0.05(\kappa-1)$，其中，κ 为本次状态转移时的动作个数。

除了在前面定义的相关参数之外，一些补充的参数在表 4-5 中列出。

表 4-5　参数设计表

参数名称	参数值
三维状态空间离散化宽度/m	100、100、100
状态转移概率	0.05、1−0.05($\kappa-1$)
折扣因子	0.98、0.95、0.9
水平阈值/ft	4000
垂直阈值/ft	450
安全阈值 $D_{\min}$ /m	5
距离阈值 D_h /m	5

3. 仿真结果与分析

1) 效率分析

本方法相比于 DAIDALUS 算法，在效率上有较大的优势，为了突显出本方法在决策效率方面的优越性，用 DAIDALUS 算法和基于 MDP 的 DALDALUS 算法分别对前面所设计的场景求解，通过值迭代计算出的最优飞行策略如图 4-14 的粗轨迹所示，无人驾驶航空器从起点到达终点的飞行步数为 203 步，对比实验的设计方法为，确定起点和终点，对于多种 DAIDALUS 算法输出策略，优先选择终点方向的策略，对比实验的运行轨迹如图 4-15 中粗轨迹所示。飞行步数为 279 步，两种方法，本机与威胁机在飞行过程中均没有发生碰撞。

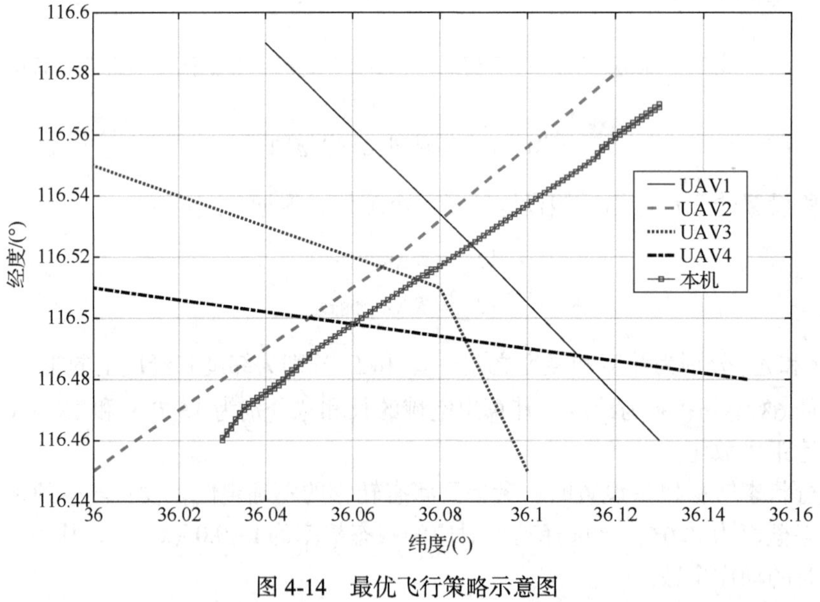

图 4-14　最优飞行策略示意图

DAIDALUS 算法通常专注于即时的避撞，在处理突发情况的时候有较快的反应速度，然而，它缺少全局优化的能力。基于 MDP 的 DAIDALUS 算法的长期规划能力和奖励函数

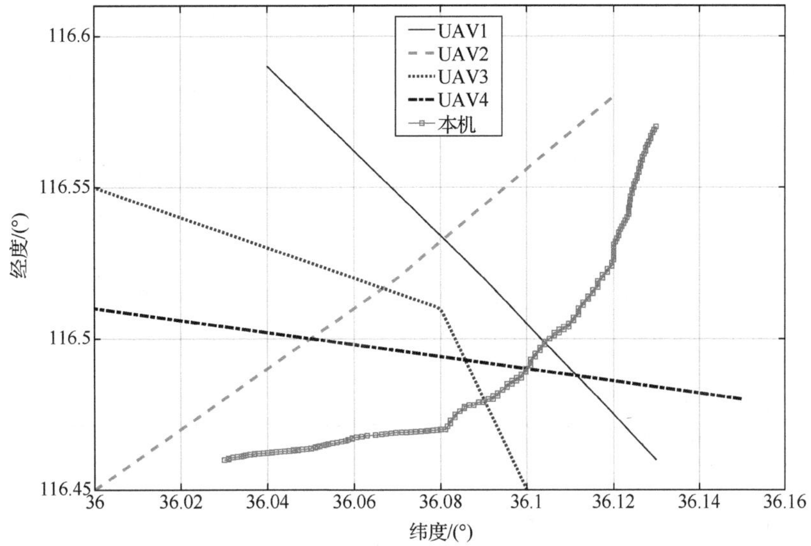

图 4-15　对比试验飞行策略示意图

的设计，MDP 可以在保证安全性的同时优化效率，通过本次实验的对比，本方法在效率上提高了 27.2%。

2) 安全性分析

不同折扣因子下的每一个时间步的奖励和累计奖励分别如图 4-16 和图 4-17 所示。γ 的值较大或者较小都会影响无人驾驶航空器的飞行，折扣因子较大反映仿真更注重长期回报，反之较小更注重短期回报。在 $\gamma = 0.95$ 和 $\gamma = 0.9$ 时，步数较大的情况下，奖励几乎为 0，忽略了长期收益。当 $\gamma = 0.98$ 时，无人驾驶航空器选择了现在与未来都比较安全的路径，平衡了长期与短期的收益值，以避免潜在的碰撞风险。

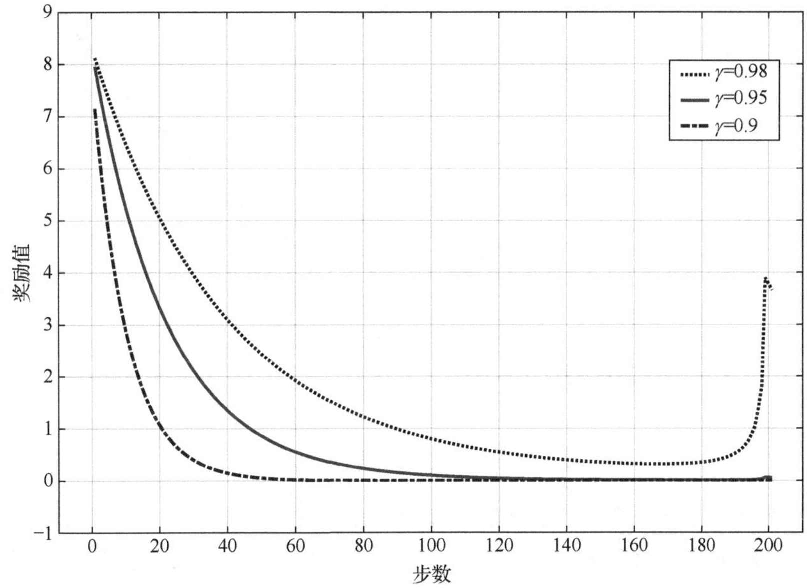

图 4-16　不同折扣因子下各时间步奖励图

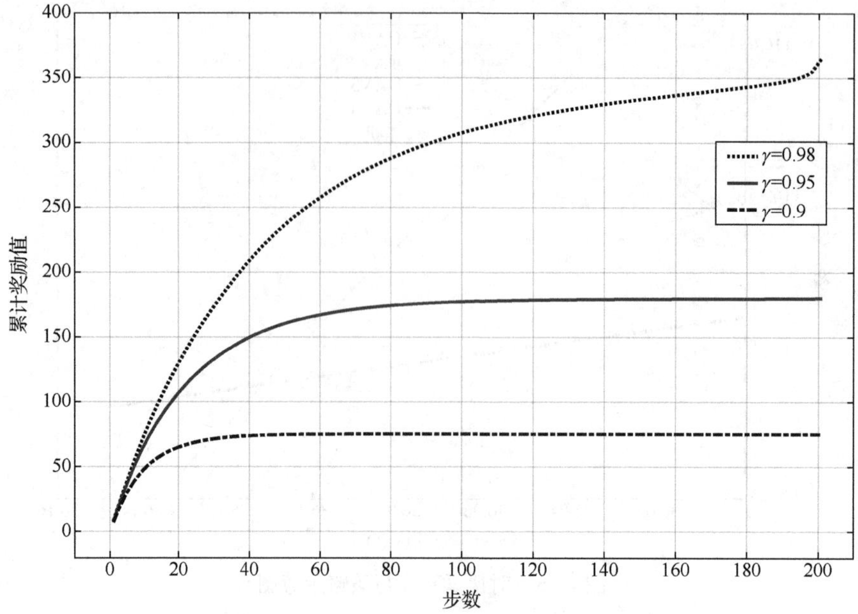

图 4-17　不同折扣因子下各时间步累计奖励图

无人驾驶航空器飞行过程中，本机与威胁机的距离变化如图 4-18 所示，本机与威胁机的距离都经历由大到小再变大的过程。其中，有 UAV1 和 UAV3 对本机发生了净空入侵，距离本机的最近距离分别为 343m 和 455m。本机及时采取策略，避免与威胁机靠近。

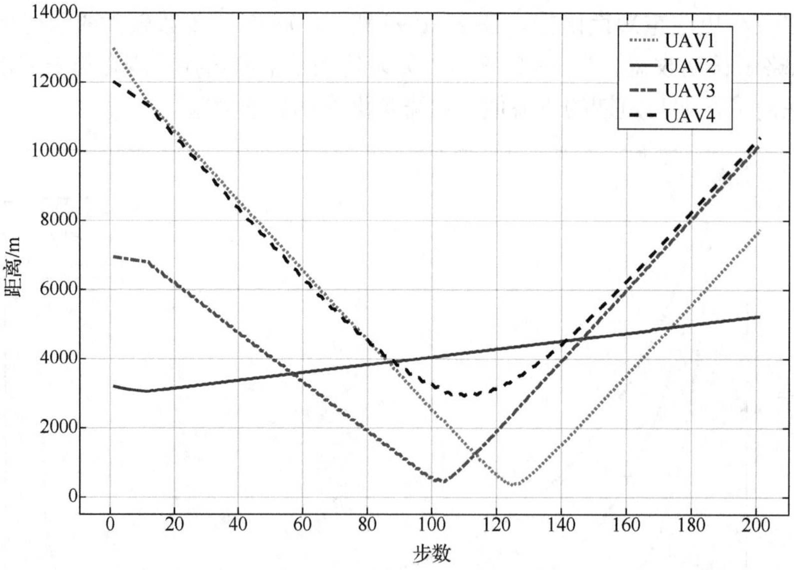

图 4-18　本机与威胁机距离变化图

本机与最近威胁机的距离变化如图 4-19 所示，图中实线表示相对最小距离，虚线表示距离阈值，当小于该阈值时，表示无人驾驶航空器的净空区域被入侵。在比较密集的空域下，净空入侵率为 5.8%，威胁机与本机最近距离为 343m，可以满足无人驾驶航空器安全飞行的要求。

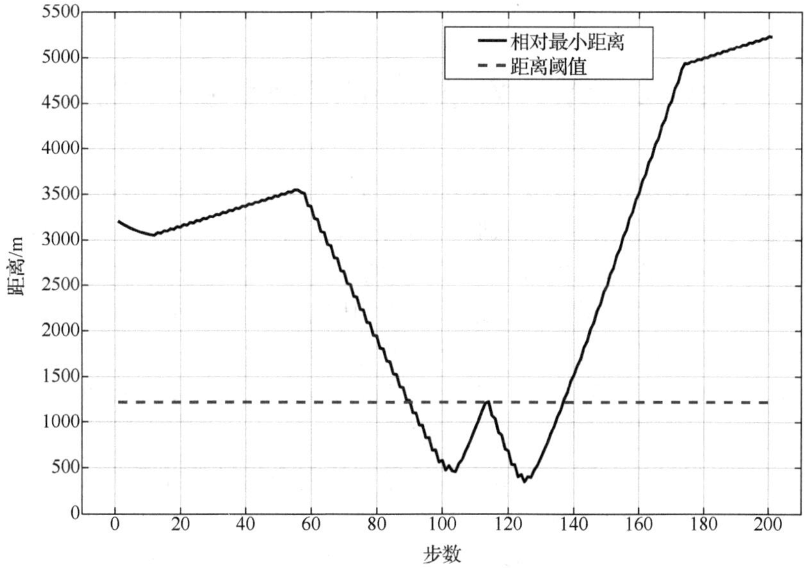

图 4-19　本机与最近威胁机距离变化图

小　结

本章开头先介绍了典型的决策模型，包括 RPD 模型、FCM 模型的算法原理。其次重点详细介绍了 MDP 的原理，包括马尔可夫过程、马尔可夫奖励过程，以及马尔可夫决策过程等。本书使用 DAIDALUS 算法和 MDP 结合构建决策模型，求解 MDP 则用到了动态规划算法，以及使用蒙特卡罗算法对 MDP 决策机制进行优化。

习　题

4-1　简述 RPD 的决策过程。

4-2　简述 FCM 模型的组成。

4-3　简述马尔可夫决策过程的组成。

4-4　简述状态值函数的含义。

4-5　简述动作值函数的含义。

4-6　简述贝尔曼最优方程。

4-7　画出策略迭代算法流程求解最优值函数的流程图。

第5章　无人驾驶航空器避让路径规划

无人驾驶航空器的路径规划技术体现在它需要考虑如何表征无人驾驶航空器执行任务的环境空间、如何定量描述障碍威胁、如何高效求解多约束条件下的路径优化等多个方面的问题。这是一个结合几何计算、时空参数化、最优化方法等多方面技术的综合性问题，不仅考量高质量轨迹的求解，还关心规划框架的计算复杂度和实际运行效率。通常，无人驾驶航空器的路径规划关心三个方面的性能指标。

安全性：无人驾驶航空器在飞行中应该尽可能地降低碰撞/冲突风险，具体指无人驾驶航空器之间的间隔应尽可能大于安全距离。

平滑性：无人驾驶航空器在飞行中应该尽可能去降低任务过程中的成本，具体指无人驾驶航空器能耗、飞行距离等。

可行性/可控性：无人驾驶航空器在飞行中的参考路径应该尽可能遵循自身的运动模型，为后端的控制模块实现路径跟踪来减轻压力。

本章内容将与无人驾驶航空器路径规划技术相关的研究方法分类为搜索类和优化类两大类，还有其他类，如势场和几何方法，并介绍了这些方法的基本原理和技术特点。

5.1　位 姿 空 间

运动规划的状态空间是应用于机器人变换的集合，称为位姿空间(configuration space, CS)，Latombe 在他的著作中对路径规划的文献进行了总结统一，引入了 *C*-空间、*C*-空间障碍物、自由空间等一系列概念，为运动规划问题的描述及其求解提供了理论框架。此后，运动规划技术得到了迅速的发展，并逐渐成为机器人学中的一个专门分支。对于路径规划问题，位姿空间的引入是一次划时代的革命，一旦清楚地理解了位姿空间的概念和意义，许多诸如几何学、运动学等各种以不同形式出现的运动规划问题都可以采用相同的规划算法加以解决，这种层次的抽象是非常重要的。

如图 5-1 所示，在工作空间里，如果要判断无人驾驶航空器可能发生的冲突碰撞风险，则可以通过无人驾驶航空器与它机存在的潜在风险约束的满足情况来界定，通常是根据无人驾驶航空器自身保护区域与其他危险区域是否相交的情况判断，而一种常用的碰撞判定思想则是将无人驾驶航空器工作空间通过集合的运算方法转换到位姿空间，碰撞判定从集合之间的相交变成了作为质点的无人驾驶航空器是否落入风险区域表示的集合内。而这样做的好处是，避免了无人驾驶航空器自身的形状尺寸带来的集合与集合之间的繁杂运算。

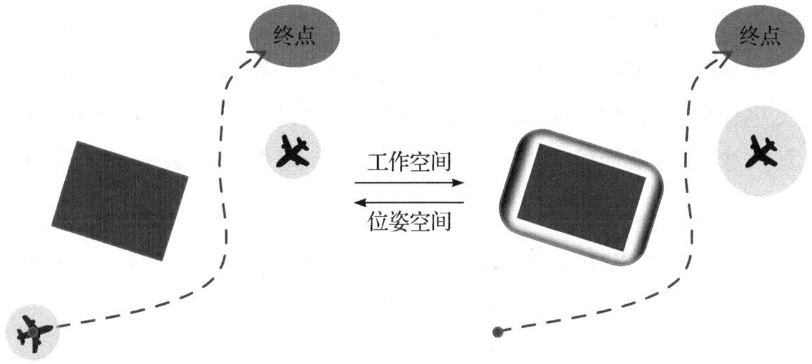

图 5-1　工作空间与位姿空间

5.1.1　位姿空间的构建

如果已知工作空间中障碍物的形状、位置和无人驾驶航空器的形状、位置，并且环境比较简单，就可以根据无人驾驶航空器的尺寸将障碍物放大而将无人驾驶航空器缩小为一点。当无人驾驶航空器的大小相对于障碍物可以忽略不计时，也可以直接将无人驾驶航空器视为点状。然而，在有很多障碍物的复杂环境中，无人驾驶航空器的大小和形状相对于障碍物不能忽略不计，如果按照上面的方法放大障碍物，可能会导致无法找到路径或者找到的路径是无效的。C-空间的概念为无人驾驶航空器的路径规划提供了一个强有力的工具，在 C-空间中，任何复杂形体的无人驾驶航空器被描述为一个点，从而将无人驾驶航空器运动涉及的复杂刚体变换问题，转换成一个简单的点的移动路径计算问题。本书介绍的是二维工作空间中的刚体无人驾驶航空器。下面介绍几个关于位姿空间的基本概念。

定义 5.1　位姿(configuration)。无人驾驶航空器的位姿指的是一组相互独立的参数集，它能完全确定无人驾驶航空器上所有的点在工作空间 W 中的位置，这些参数用来完整描述无人驾驶航空器在工作空间 W 中的状态。一个位姿通常表示为带有位置和方向参数的向量(vector)，用 q 表示。

定义 5.2　自由度(degrees of freedom)。无人驾驶航空器的自由度定义为无人驾驶航空器运动过程中决定其运动状态的所有独立参数的数目，即 q 的维数。

对于二维工作空间中自由移动的刚体无人驾驶航空器，其自由度为 3，可以分别用无人驾驶航空器坐标原点(参考点)在全局坐标系中的 x 坐标和 y 坐标表示两个平移自由度，用航向角 θ 表示一个旋转自由度。可见，无人驾驶航空器的任一位姿可以表示为 $q=\{x,y,\theta\}$。对于位姿 $q=\{x,y,\theta\}$ 中的 θ，本书对其变化范围进行了同一化处理。同一化处理就是将一个空间中最初截然不同的一些点声明为相同的，这样航向角的变化范围为 $-\pi\sim\pi$，然后又环绕到 $-\pi$。

定义 5.3　位姿空间(configuration pace)。位姿空间是无人驾驶航空器所有可能位姿组成的集合，代表了无人驾驶航空器所有可能的运动结果，称为 C-空间，也可简记为 C。

对于二维工作空间 W 中自由移动的刚体无人驾驶航空器，每个平移自由度产生一个拓扑空间 $\boldsymbol{R}^2$，一个旋转自由度产生一个拓扑空间 $\boldsymbol{S}^1$。这样对于机器人所有可能的运动结果，构建出其 C-空间，记为 $C=\boldsymbol{R}^2\times\boldsymbol{S}^1$。用三维坐标系来描述该 C-空间：在 x 和 y 方向上是有边界的，其大小就是工作空间的大小；在角度方向上，把从$-\pi$～π 进行同一化处理，形成一个环绕。

定义 5.4 距离函数(distance function)。C-空间中的距离函数定义为该空间中的一个映射 $\rho:(q_1,q_2)\in C^2\to\rho(q_1,q_2)$。该函数满足以下条件。

(1) 非负性：$\rho(q_1,q_2)\geqslant 0$；

(2) 自反性：$\rho(q_1,q_2)=0$ 当且仅当 $q_1=q_2$；

(3) 对称性：$\rho(q_1,q_2)=\rho(q_2,q_1)$；

(4) 三角不等式：$\rho(q_1,q_2)+\rho(q_2,q_3)\geqslant\rho(q_1,q_3)$。

在 C-空间 $\boldsymbol{R}^2\times\boldsymbol{S}^1$ 中，记 $q_1=\{x_1,y_1,\theta_1\}$，$q_2=\{x_2,y_2,\theta_2\}$。可以定义以下距离函数：$\rho(q_1,q_2)=\max\limits_{x\in A}\|x(q_1)-x(q_2)\|$。其中，$x$ 是无人驾驶航空器 A 上的一点，$x(q)$表示无人驾驶航空器 A 的位姿为 q 时，x 在工作空间中的位置，$\|a-b\|$表示两个点 a 和 b 在工作空间中的欧氏距离。也可以定义以下距离函数：$\rho(q_1,q_2)=\sqrt{(x_1-x_2)^2+(y_1-y_2)^2+\alpha^2}$ 或者 $\rho(q_1,q_2)=\sqrt{(x_1-x_2)^2+(y_1-y_2)^2+(\alpha D)^2}$。其中，$\alpha=\min\{|\theta_1-\theta_2|,\ 2\pi-|\theta_1-\theta_2|\}$，$D$ 是无人驾驶航空器上的点到无人驾驶航空器参考点之间距离的最大值。

5.1.2 位姿空间中的障碍物与路径规划

5.1.1 节中定义的位姿空间并没有考虑任何碰撞约束。本节首先从位姿空间中删除引起无人驾驶航空器与障碍物发生碰撞的情形，从而形成了位姿空间中的两个子空间：障碍物空间和自由空间。障碍物空间就是位姿空间中被删除的障碍物区域，剩余的空间就是自由空间，是路径解必须穿越的区域，也就是一种路径规划算法必须在剩余的空间中发现一条从初始位姿到达目标位姿的路径。然后在此基础上，导出路径规划问题的描述。

1. 障碍物空间与自由空间

假设在工作空间 W：$W=\boldsymbol{R}^2$ 中包含所有的障碍物区域 O：$O\subset W$，定义 A 为无人驾驶航空器，A 的具体含义可以理解为从无人驾驶航空器位姿空间到无人驾驶航空器工作空间的一一映射 A：$C\to W$，它将位姿空间中的任意一个点映射成 2 维或者 3 维工作空间中无人驾驶航空器各刚体段的位姿状态。假设无人驾驶航空器本身占有的空间是工作空间的一个闭子集，即无人驾驶航空器包含其轮廓所属的边界范围。令 $q\in C$ 表示 A 的位姿，其中对于 $W=\boldsymbol{R}^2$，$q=(x,y,\theta)$。

定义 5.5 障碍物空间(obstacle space)表达式

$$C_{\text{obs}}=\{q\in C\mid A(q)\cap O\neq\varnothing\}\tag{5-1}$$

定义了位姿空间当中的障碍物空间 $C_{\text{obs}} \subset C$。也就是说，它是所有位姿 q 的集合，在这些位姿下对应的无人驾驶航空器在工作空间的状态与障碍物区域 O 相交。因为 O 和 $A(q)$ 是 W 中的闭集合，那么该障碍物区域也是 W 中的闭集合。

位姿空间中的无碰撞区域通常称为自由空间，可用 C_{obs} 与 C 的集合运算定义($A\backslash B$ 表示集合 A 与 B 的差集)。

定义 5.6　自由空间(free space)表达式

$$C_{\text{free}} = C \setminus C_{\text{obs}} \tag{5-2}$$

定义了位姿空间中的自由空间，C_{free} 也可简记为 F。

因为 C 是拓扑空间，而且 C_{obs} 是闭的，那么作为 C_{obs} 在 C 中的补集，C_{free} 必须是一个开集合。这意味着无人驾驶航空器可以到达距离障碍物任意近的地方。

2. 路径规划基本定义

到现在已经为路径规划问题进行了足够多的准备。用 C-空间的思路，路径规划问题在概念上变得非常简单：任务是寻找一条从起始位姿到目标位姿的路径。路径规划问题的示意图如图 5-2 所示，图中整个椭圆表示位姿空间 $C = C_{\text{free}} \cup C_{\text{obs}}$。

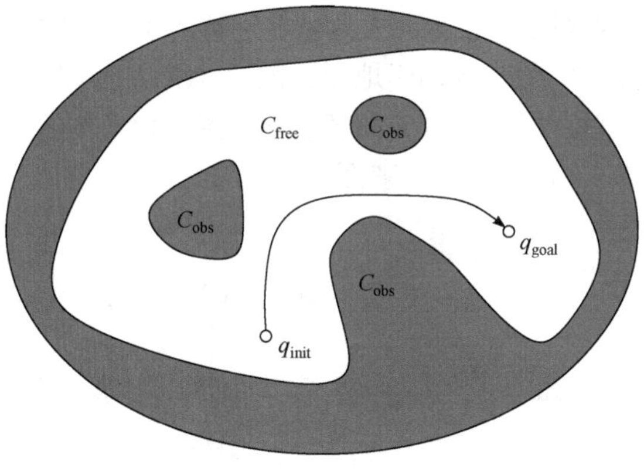

图 5-2　路径规划示意图

有了上述概念，C-空间中的路径规划问题可描述如下：

(1) 定义一个工作空间 W，本书中取 $W=\boldsymbol{R}^2$；

(2) 定义 W 中障碍物区域 $O \subset W$，无人驾驶航空器 A；

(3) 所有可能应用于无人驾驶航空器的位姿集合构成了 C-空间，并且 C-空间可以划分为 C_{obs} 与 C_{free}；

(4) 指定无人驾驶航空器的位姿 $q_{\text{init}} \in C_{\text{free}}$ 为初始位姿，位姿 $q_{\text{goal}} \in C_{\text{free}}$ 为目标位姿。初始位姿和目标位姿通常称为疑问对(或者疑问)，记为($q_{\text{init}}, q_{\text{goal}}$)；

(5) 一种完整的算法必须计算一条连续的路径 $\tau:[0,1] \to C_{\text{free}}$，使 $\tau(0) = q_{\text{init}}$，$\tau(1) = q_{\text{goal}}$，或者正确地报告这样的路径不存在。

5.2　路径搜索方法

如表 5-1 所示，基于路径搜索的方法具有全局探索性，以 A^*和快速随机搜索树(rapid-exploration random tree, RRT)为代表的这类方法是很直接地将任务空间分为自由空间和障碍空间，然后在自由空间里找寻最短路径的方法，最初是把最短飞行路径当作唯一的最优性指标，后来随着研究学者的开发，加入了无人驾驶航空器在运行中的各种实际因素的影响。

表 5-1　路径搜索方法的性质

方法	完备性	分辨率
以 A^*为代表的图搜索类方法	完备	分辨率最优
以 RRT 为代表的采样类方法	概率完备	渐近最优

5.2.1　基于图搜索的路径规划方法

基于图搜索的路径规划方法会将无人驾驶航空器的工作空间离散成图的形式，将路径寻找问题转换为图搜索问题。区别于地图，图 $G=\langle V,E\rangle$ 是由若干节点组成的集合 V 和边组成的集合 E 构成的，其形式有无向图、有向图、权重图等，根据实际应用问题选择图的不同形式。如图 5-3 所示，为一般图类型。

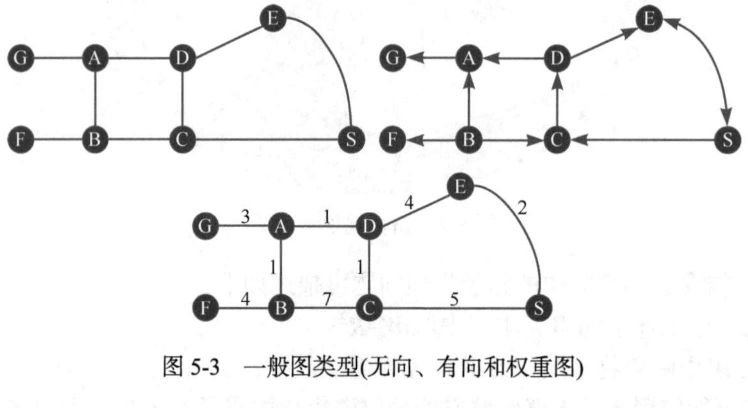

图 5-3　一般图类型(无向、有向和权重图)

如图 5-4 所示，一般工程上应用较多的为栅格地图，它将无人驾驶航空器任务环境以一定的分辨率离散化表示为若干个相互独立的单元格，每个单元格被赋予一定的含义，例如，表示无人驾驶航空器可通行的自由区域、无人驾驶航空器不可通过的障碍区域、无人驾驶航空器开始任务的起始点和完成任务的目标点。黑色栅格为障碍区域，带圆点栅格为起始点，带五角星栅格为目标点，其余为自由区域。

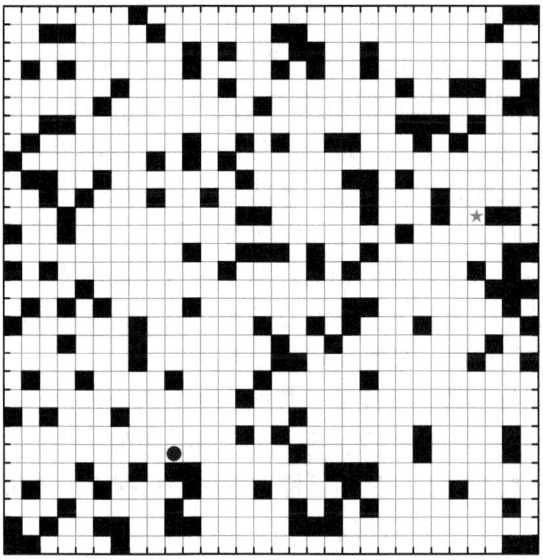

图 5-4　栅格地图

然而，利用栅格法对环境建模有一定的局限性。利用栅格法进行环境建模，就是把一个有限的规划空间分成若干个同样的单元。栅格法将连续的状态空间划分为离散的单位空间。因此，离散化过程所采用的分辨率越高，则对环境的描述越接近真实情况，规划的结果也越精确，但离散单元所占用的存储空间就越大，规划过程的计算量也越高，因此计算速度也就越低。反之，采用的分辨率越低，所占用的存储空间越小，规划的计算量越低，计算速度越快，但规划精度太低，甚至可能无法规划出有效路径。

1. A*搜索算法

Dijkstra 算法只考虑历史路径的代价，均匀方向向外递增探索，可以保证最优路径但效率不高，贪心算法只考虑节点到目标的代价搜索效率高，但目的性过强无法保证最优路径。如图 5-5 所示，为 Dijkstra 算法和贪心算法的各自寻路过程。

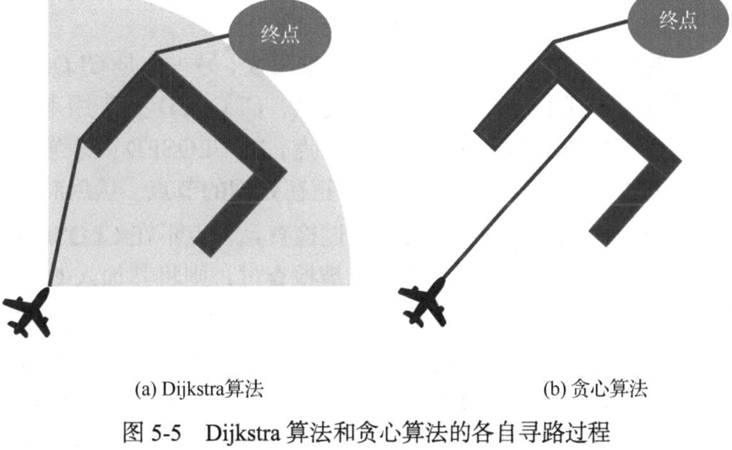

(a) Dijkstra算法　(b) 贪心算法

图 5-5　Dijkstra 算法和贪心算法的各自寻路过程

A*算法作为最经典的路径规划搜索算法，在以图结构为构造方式的环境中进行简单直接的全局搜索。该算法在 Dijkstra 算法上进行扩展，加入了贪心搜索的思想，在保证搜索到最短路径的基础上能同时实现搜索效率的提升。Dijkstra 算法可以保证扩展过的节点，一定是从起点开始到当前节点的最小路径代价，但是由于不知道目标点位置，所以需要遍历所有节点才能找到路径。而贪心算法则恰好相反，因为其目的性很强，从起点开始直接扑向目标点，但是在非结构化障碍物的环境中，容易找不到最优解。而 A*算法作为两者的结合版，在障碍物信息已知的环境中进行全局搜索，可以从起点到终点找到一条最短路径，又保证了搜索效率。从起点开始，依次检查相邻的节点，通过比较代价函数的大小，依次向四周扩展，最终找到目标点。

A*算法的核心为评价函数。其评价函数综合考虑两个代价函数值，其中一个代价函数值为起点到当前点的真实距离代价，另一个代价函数值为当前点到目标的估计距离代价。算法根据其评价函数不断引导其向目标点方向进行搜索。评价函数的形式：

$$f(n)=g(n)+h(n) \tag{5-3}$$

式中，$f(n)$为当前节点n的总路径代价；$g(n)$为起点到当前节点n的真实距离代价；$h(n)$为从当前节点到终点的估计距离代价。其中，启发函数$h(n)$在总路径代价函数中起着关键性的作用，影响 A*算法的整个规划的路径长度和搜索路径的效率，$h(n)$在总路径代价$f(n)$中占的比重越大，算法的搜索效率越高，收敛速度也就越快；$h(n)$在总路径代价$f(n)$中占的比重越小，则算法的搜索效率也就越低。而当$h(n)$高于真实代价时，算法则会演变为贪心算法，失去最短路径的性质；当$h(n)$等于零时，算法退化为 Dijkstra 算法。在路径规划应用中，A*算法有三个常见的启发式函数：曼哈顿距离、切比雪夫距离、欧几里得距离，分别表示为

$$\begin{cases} h(n)=\sum_{i=1}^{d}\left|x_n^i-x_g^i\right| \\ h(n)=\max\left|x_n^i-x_g^i\right| \\ h(n)=\sqrt{\sum_{i=1}^{d}\left(x_n^i-x_g^i\right)^2} \end{cases} \tag{5-4}$$

A*算法预先需要定义两个列表：一个是 OPEN 列表，另一个是 CLOSED 列表。OPEN 列表用来记录已经被探索到但是没有被处理过的点，CLOSED 列表用来存放已经处理完毕的节点。首先在 OPEN 列表加入起始位置的节点，把 CLOSED 列表置空。找到开启列表中总路径代价$f(n)$值最小的节点，将其设为正在处理的节点。然后对正在处理的节点周围的节点进行检测，如果这些节点是可以通过检查且节点不在 CLOSED 列表中，则对该节点的各个值进行计算，如果该节点之前未被检查过，则将其加入 OPEN 列表中；如果该节点已经在 OPEN 列表中，但是新的检测中总路径代价$f(n)$的值小于 OPEN 列表中该节点总路径代价$f(n)$的值，则将 OPEN 列表中的该节点更新(用新检测的节点的值代替旧值)。在 CLOSED 列表中加入正在处理的节点，并把正在处理的节点在 OPEN 列表中删除。如果目标节点被加入 OPEN 列表中，则表示路径被找到，算法结束；如果开启

列表为空，则表明没有路径存在，算法结束；不符合结束条件，则在 OPEN 列表中选择总路径代价 $f(n)$ 值最小的节点作为正在处理的节点回到开始继续运行算法。如果找到路径，则从目标节点开始，通过对父节点进行回溯从而得到路径。如图 5-6 所示，为 A^* 算法流程图。

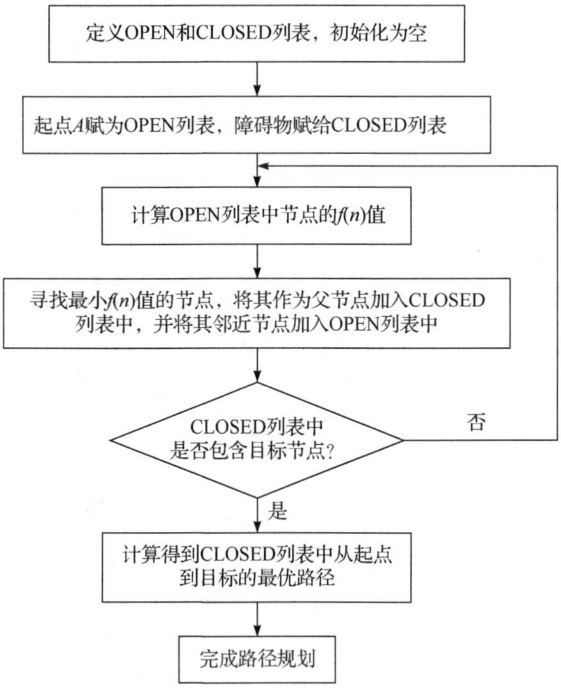

图 5-6　A^* 算法流程图

2. 改进版本 A^* 算法

Weighted A^* 在 A^* 的基础上，通过不断调节 $h(n)$ 的比重来适应地图以加快搜索效率，它的性能介于 A^* 和贪心算法之间。Weighted A^* 的评价函数：

$$f(n)=g(n)+w\cdot h(n) \tag{5-5}$$

跳点搜索(JPS)算法是在 A^* 算法基础上提出的一种减少邻域拓展过程产生的大量冗余节点而带来的资源消耗的优化策略。它包括跳点筛选规则、强制邻域节点规则与跳跃规则。跳点筛选规则是对自然邻域节点以及强制邻域节点两类节点进行筛选。自然邻域节点筛选规则是在邻域拓展过程中所拓展节点 x，相较于其他节点而言，自父节点出发经过该拓展节点 x 到目标节点的距离代价小于其余中间节点。

强制邻域节点筛选规则是指当搜索过程中邻域存在障碍物时，所拓展节点 x 的父节点经过 x 到达目标节点 n 的距离代价相较于其他不经过 x 到达目标节点的距离代价小，则称 n 是 x 的强制邻域节点。

跳跃规则是将筛选出的自然邻域节点中由前一节点经对角线跳跃得到当前节点，以及具有强制邻域节点的当前节点作为邻域拓展节点加入 OPEN 列表，并对相应节点的启发式代价函数值进行比较，输出最优代价节点加入 CLOSED 列表中，最终反向递归得到规划路径。

5.2.2　基于采样的路径规划方法

相对于基于图搜索的路径规划方法，基于采样的路径规划方法不需要对环境空间进行预先的离散化处理，它通过直接在无障碍自由空间取点采样，增量地构建搜索树，直到树节点生长到目标点区域内，然后对树结构回溯得到一条无碰撞路径。虽然省去了预先空间离散的步骤变得更加高效，但是由于算法本身固有的采样随机属性，早期提出的采样类算法并不具有最优路径的性质。

假设任务空间为 C，C_{free} 表示可行区域，C_{obs} 表示障碍区域，C_{free} 和 C_{obs} 同为 C 的子集，且满足 $C = C_{\text{free}} \cup C_{\text{obs}}$ 和 $C_{\text{free}} \cap C_{\text{obs}} = \varnothing$。初始位置 $q_{\text{init}} \in C_{\text{free}}$ 和目标位置 $q_{\text{goal}} \in C_{\text{free}}$，现需要规划出从初始位置到目标位置的可行路径。

使用快速随机搜索树(RRT)算法进行路径规划分为任务空间内的随机树生长和可行路径的反向搜索两个阶段。其中随机树的生长，即如何构造随机树是 RRT 算法的主要内容。RRT 算法通过逐步迭代的增量方式进行随机树的构造，首先在任务区域内选定起始节点 q_{init} 作为树的根节点，通过从根节点不断地扩展出叶节点的方式构建随机树。首先以概率 p_g 选择目标位置 q_{goal} 作为随机目标点 q_{rand}，或者以概率 $1-p_g$ 在任务空间内随机选择一个目标点 q_{rand}；从随机树当前所有的叶节点之中，选择一个离 q_{rand} 最近的节点，称为邻近节点 q_{near}；然后从 q_{near} 向 q_{rand} 的方向延伸一个步长的距离 ε，得到一个新的节点 q_{new}。在延伸过程中，判断是否与已知的威胁区域有冲突，若无冲突，则接受该新节点 q_{new}，并将其添加为随机树的节点；若 q_{new} 与威胁区域有冲突，则说明该次扩展出的新节点不符合安全要求，舍弃该新节点，并重新进行随机目标点 q_{rand} 的选取。通过这样不断地延伸扩展，当随机树中的叶节点与目标位置足够近的时候，则认为随机树的构造工作完成，此时以距离目标位置最近的叶节点为起始点，依次向上搜索父节点，则可以获得一条从起始位置到目标位置的可行路径。二维空间内的 RRT 算法节点扩展过程如图 5-7 所示。

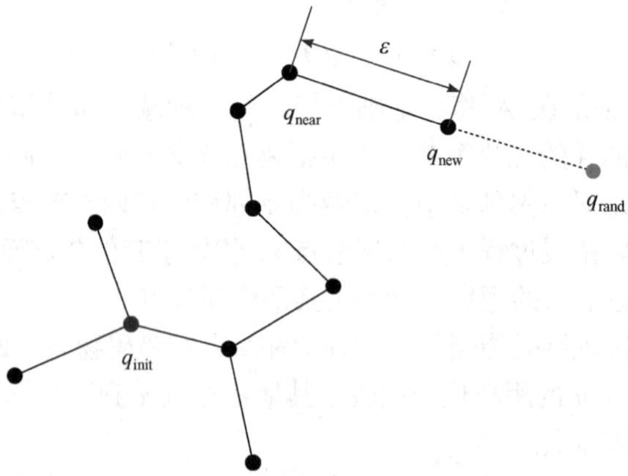

图 5-7　RRT 算法节点扩展

标准 RRT 算法如下：

(1) 算法初始化；

(2) 是否到达目标位置，未到达则转向步骤(3)；否则说明随机树已构造完成，进而转向步骤(7)；

(3) 生成一个随机数 $p \in [0,1]$，判断 $p < p_g$，是则转向步骤(4)，否则转向步骤(5)；

(4) 选择最终目标作为 q_{rand}，确定 q_{near}，进而得到 q_{new}；

(5) 在搜索空间内生成一个随机节点 q_{rand}，相应地计算出候选新节点 q_{new}；

(6) 判断 q_{new} 与 q_{near} 之间是否存在威胁，若无威胁，则将 q_{new} 添加到随机树之中，实现随机树的一步扩展，转向步骤(2)；若存在威胁，则转向步骤(3)；

(7) 从构造出的随机树之中，寻找从起始点 q_{init} 到最终目标点 q_{goal} 的路径。

RRT 算法流程如图 5-8 所示。

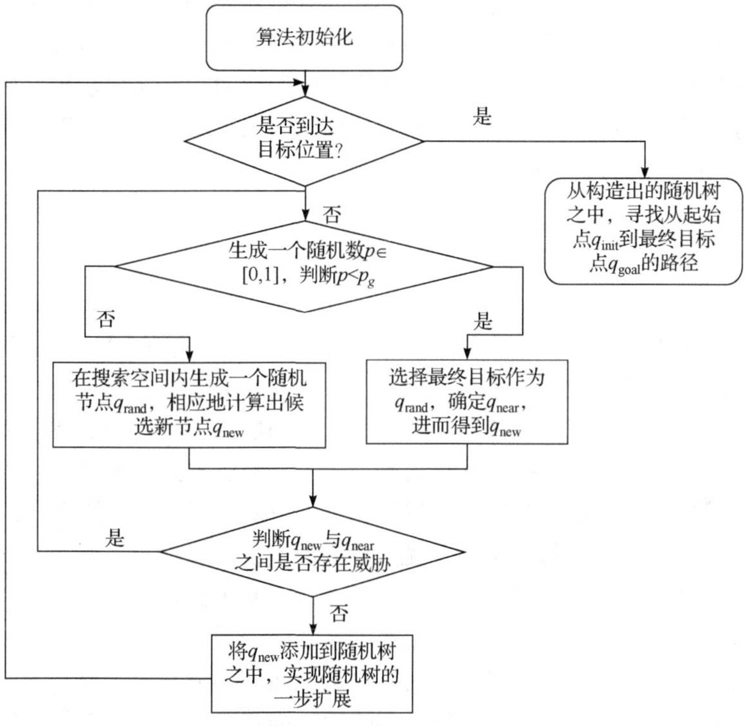

图 5-8　RRT 算法流程图

综合考虑路径规划方法对实时性和可靠性的要求，结合上述试验结果分析，认为令 p_g 取值在 0.5 附近较为合适，此时能够兼顾算法的各方面要求，以较短的运行时间获得较为优秀的规划路径，且对各种威胁环境的适应性较强。p_g 的取值不宜大于 0.8，这会导致算法的规划能力严重降低且实时性不好，算法的可靠性变差。过小的 p_g 值虽也能够得到起始位置到目标位置的可行路径，但所得路径一般较为曲折冗长，不符合最优性的原则。

在简单威胁环境下，可使用较大的步长 ε，以加快规划的速度，且所得路径较短；在复杂威胁环境下，过大的步长会限制 RRT 算法的扩展能力，导致规划成功率降低，且所得路径的长度较大，不符合最优性要求，此时可以采用较小的步长。以矩形任务环境为例，可以将扩展步长选择为任务环境边长的 1/20～1/10，能够得到较好的规划效果。

通过上述两种试验分析进一步表明，N_{rand} 与作为主要性能指标的仿真时间有较强的关联关系。由于需要遍历整个随机树，且要依次计算相对距离，因而由 q_{rand} 选取 q_{near} 的步骤是整个 RRT 算法过程中耗费时间最多的步骤。随机树每扩展出一个新节点 q_{new} 需要选择的随机节点 q_{rand} 的个数 N_{rand} 是影响 RRT 算法速度的重要因素，如果能降低 N_{rand} 的值，便能有效地提高 RRT 算法的规划速度。

综合来看，RRT 算法中的参数 p_g 和 ε 的选取至关重要，直接影响规划问题的求解优劣和成功率。参数 p_g 和 ε 对任务环境有一定的依赖性，可以根据实际环境情况进行这两个参数的选择。

在 RRT 构建过程中，一方面，希望随机树的生长能够具有向着目标位置的倾向性，促进随机树在纵向(向着目标位置的方向)的生长，这样有利于随机树快速地生长到目标位置附近；另一方面，随机树还需具有规避威胁区域的能力，这又要求随机树在任务环境内进行横向的扩展，从而具有较强的空间探索能力。因此 RRT 算法的改进需要在这种纵向的延伸与横向的扩展之间平衡。

5.3 优 化 方 法

传统的路径规划方法，更侧重于对环境空间的量化，类似 RRT、A^*这种算法的目标是输出一条无碰撞的最短路径。然而，无人驾驶航空器除了在工作环境中需要满足避开障碍物的安全约束，自身也有诸多因素需要考量，例如，无人驾驶航空器需要满足运动学模型约束、控制容许约束等一些过程约束，还有人为启发式定义的最小能耗、最短时间等一些目标函数。对此，研究学者也开发了一些在 RRT、A^*基础上的变体，如 hybird A^*、kindynamic RRT 算法，它们都是考虑了无人驾驶航空器本身的模型约束，而且算法也有理论上的保证。但实际应用时却十分不便，因为对于基于路径搜索的方法，它们本身开发的初衷就是面向工作环境，额外考虑其他因素则会变得比较臃肿。因此现在在无人驾驶航空器路径规划领域的一种比较流行的做法是，面向环境开发的路径搜索方法一般作为路径规划的前端，负责快速生成一条合理的无碰撞路径，接着把初始路径输入后端的优化模块，用来加速收敛。

目前，基于优化的路径规划方法可分为数值优化方法和智能优化方法。智能优化方法因为属于黑箱子方法范畴，没有理论上的数学保证，因此收敛时间一般较长，更侧重于预战术阶段使用。相对于此，数值优化方法使用更多的高阶信息，比智能优化算法更快而且具有理论上的数学保证，但依赖于很多数学假设，因此需要使用者具备对问题更高的建模能力。

5.3.1 基于数值优化的方法

基于数值优化的路径规划方法发源于最优控制问题。最优控制问题的一般形式如下：

$$
\begin{aligned}
&\min J = \phi[\boldsymbol{x}(t_f), t_f] + \int_{t_0}^{t_f} L[\boldsymbol{x}(t), \boldsymbol{u}(t), t]\mathrm{d}t \\
&\text{s.t.} \quad \dot{\boldsymbol{x}}(t) = f(\boldsymbol{x}(t), \boldsymbol{u}(t), t) \\
&\qquad\ \ \boldsymbol{x}(t_0) = \boldsymbol{x}_0, \quad \boldsymbol{x}(t_f) = \boldsymbol{x}_f \\
&\qquad\ \ C(\boldsymbol{x}(t), \boldsymbol{u}(t), t) < 0, \quad \forall t \in [t_0, t_f]
\end{aligned}
\tag{5-6}
$$

式中，目标函数J包含终端目标、过程代价；f为无人驾驶航空器动力学模型的状态微分方程，还有边界条件约束、状态变量和控制变量的过程约束。

对于式(5-6)的求解方法，一般分为直接法和间接法。直接法通过对原方程进行直接离散，使用多项式表达各个连续的变量，将原微分方程转为代数方程，然后使用非线性规划方法求解。在直接法中，当仅离散控制变量时，通常对应打靶法，该方法是将状态变量和控制变量的初值作为未知数，通过迭代调整使满足终端条件来求解；当同时离散控制变量和状态变量时，一般对应配点法，配点法是在积分区间内选取若干配点，对控制变量和状态变量在这些配点上进行离散，进而求解转化后的代数方程。间接法通过变分法、庞特里亚金(Pontryagin)原理、哈密顿函数方法，解析地得到最优控制问题的最优解，不过，当约束条件变得稍微复杂时，间接法就会失效。

首先对无人驾驶航空器路径规划问题进行建模，如图 5-9 所示，这是一种无人驾驶航空器需要穿越多个动态禁飞区到达预定目标点执行任务的情形。任务难点是规划具有高效率、高灵活度的无人驾驶航空器飞行航迹，由于禁飞区域可能是动态变化的，因此航迹还要满足无人驾驶航空器的运动学约束、冲突避让约束，以及控制性能指标的最优。

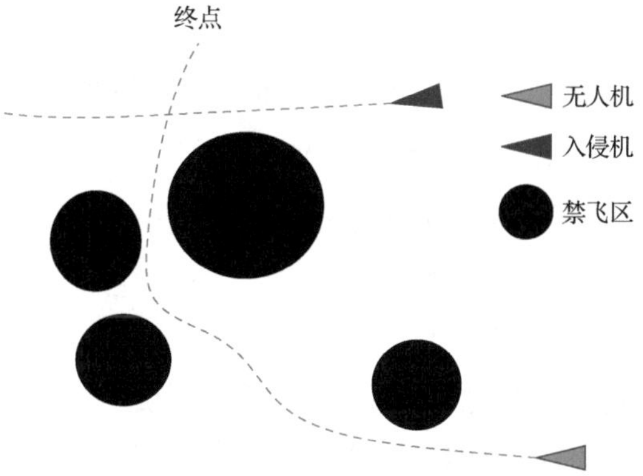

图 5-9　无人驾驶航空器运行任务环境

无人驾驶航空器质点运动模型：无人驾驶航空器本身是一个非常复杂的非线性系统，其运动特性不是本书的研究重点，因此做出以下假设。

假设 1：无人驾驶航空器飞行高度不变仅在水平面运动。

假设 2：不考虑空气对无人驾驶航空器的影响。

假设 3：不考虑无人驾驶航空器的姿态变化。

则其运动模型可表示为

$$\begin{cases}\dot{x}_i = v_i \cos\psi_i \\ \dot{y}_i = v_i \sin\psi_i \\ \dot{\psi}_i = \mathrm{sat}(u_i, -u_{\max}, u_{\max})\end{cases} \tag{5-7}$$

其中，$\dot{x}_i$、$\dot{y}_i$ 为第 i 个无人驾驶航空器在大地坐标系下的水平位置分量；ψ_i 为偏航角；u_i 为控制输入，控制着水平方向的运动。控制输入 u_i 决定航向角速率，其大小在一定范围内变化。

无人驾驶航空器在飞行过程中需要满足自身机动约束、来自威胁禁飞区的路径约束和多个无人驾驶航空器之间的空间约束与时间约束。

(1) 无人驾驶航空器需满足最大航向角速率：$\dot{\psi}_{\min} < \dot{\psi} < \dot{\psi}_{\max}$ 对应着 $\dot{u}_{\min} < \dot{u} < \dot{u}_{\max}$。

(2) 第 i 架无人驾驶航空器需要规避禁飞区而产生的约束：

$$\sqrt{(x_i(t) - x_f(t))^2 + (y_i(t) - y_f(t))^2} > R_f \tag{5-8}$$

(3) 多架无人驾驶航空器的冲突避让约束：

$$\sqrt{(x_i(t) - x_j(t))^2 + (y_i(t) - y_j(t))^2} > R \tag{5-9}$$

式(5-9)表示的是第 i 架无人驾驶航空器与其他无人驾驶航空器之间需要保持最小安全距离 R。

根据无人驾驶航空器的运动模型，可定义最优航迹规划问题：

$$\begin{aligned}
\min \quad & \int_{t_0}^{t_f} u_i^2 \mathrm{d}t \\
\text{s.t.} \quad & \dot{\varsigma}_i = [v_i \cos\psi_i, v_i \sin\psi_i, 0] + [0, 0, u_i] \\
& \varsigma_i(t_0) = [x_{\text{start}}^i, y_{\text{start}}^i, \psi_0^i] \\
& \varsigma_i(t_f) = [x_{\text{goal}}^i, y_{\text{goal}}^i, \psi_f^i] \\
& u_{\min} < u_i < u_{\max} \\
& C(x_i(t), y_i(t)) > 0
\end{aligned} \tag{5-10}$$

式(5-10)为一般最优控制问题描述，其中，t_0 和 t_f 为起始和终端时刻，ς 为状态向量，i 表示第 i 架无人驾驶航空器，$C(x_i(t), y_i(t)) > 0$ 为规避威胁的路径约束。

5.3.2　基于启发式优化的方法

数值优化算法虽然求解高效、有理论保证，但是处理问题受限于可微连续、线性、凸等数学假设。而智能优化算法不依赖这些，它通过人们观察生物进化的规律得到一套优化流程，特点是对问题的形式要求低，使用方便，当算法的人工参数调得足够好时，可以媲美数值优化方法。

1. 粒子群算法

粒子群优化算法(particle swarm optimization，PSO)是一种仿生智能优化算法，1995

年由 Eberhart 博士和 Kennedy 博士提出，PSO 模拟了自然界中鸟群的觅食过程。在鸟群寻找食物的过程中存在着分散搜寻以及群体搜寻两种情况，分散搜寻指的是鸟群中的单个个体沿着不同的方向去寻找食物，当某个个体寻找到食物的位置时，会向整个群体中的其余个体传递食物位置信息，然后整个群体会朝向食物位置移动。研究表明，在自然界生物的觅食过程中，个体之间互相学习的种群能够比个体之间相互竞争的种群更加快速地寻找到食物。

粒子群算法通过模拟动物找寻食物的行为初始化一群粒子，再对其进行迭代，在迭代过程中通过跟踪两个最优值并根据粒子位置和速度更新公式迭代：

$$\begin{cases} v_{id}^{t+1} = wv_{id}^{t} + c_1 r_1 \left(\text{pbest}_{id}^{t} - X_{id}^{t}\right) + c_2 r_2 \left(\text{gbest}_{id}^{t} - X_{id}^{t}\right) \\ X(t+1) = X(t) + v(t+1) \end{cases} \tag{5-11}$$

其中，i 为粒子个数；d 为粒子的维度；t 为迭代次数；w 为惯性权重；c_1、c_2 分别为个体、社会的学习引子；r_1、r_2 分别为 0～1 的随机数；pbest 为粒子群个体最优位置；gbest 为全局最优位置。

粒子群算法流程如图 5-10 所示。

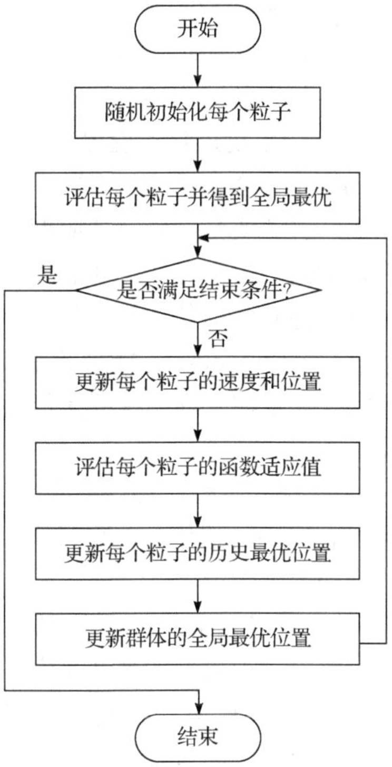

图 5-10　粒子群算法流程图

PSO 算法有以下三点关键因素影响算法的性能。

(1) 尽管 PSO 算法不需要大量的参数调整，但是其中的惯性权重 ω、加速因子 c 和飞行速度 v 等参数的选择将直接影响算法的性能，从而影响整个系统的效率。

(2) 随着计算搜索的深入，种群很容易收敛到局部最优解或全域最优解。在这种情况下，粒子的更新速度会变得越来越缓慢，多样性会逐渐减少，甚至会陷入困境模型。因此，保持种群的多样性是一个非常重要的问题。

(3) 通过计算适应度函数，可以对粒子个体的性能优劣程度作出评估。适应度函数值越大，对当前的生存环境也就越适合。粒子个体的状态极值以及整个群体的状态极值都由适应度函数值的大小直接决定。因此，适应度函数对群体极值的选择和更新极其重要。

2. 遗传算法

遗传算法(genetic algorithm，GA)是依据达尔文“适者生存”的进化论思想启发而提出的，算法的思想是根据生物在繁衍、进化过程中的种群竞争、基因变异等自然规律，通过对“父代”基因使用“交叉”“变异”“克隆”等手段，进而产生新的“子代”基因。随着种群的不断繁衍、进化，不但有新的子代产生，更适应生存环境的子代基因将会被保留下来，而不适应环境的个体将会被淘汰。

遗传算法结合了达尔文的自然选择学说与基因遗传理论，因此涉及一些生物学上的理论知识，下面介绍一些有关遗传算法的概念。染色体(chromosome)：携带遗传信息，是基因的载体，有多个基因排列其上，一条染色体对应一个解。基因(gene)：遗传信息的最小载体。种群(population)：由多条染色体构成，构成遗传算法所求解问题的解空间。适应度(fitness)：根据“适者生存”的生物进化学说提出，基因组更加优良的个体，更适合生存环境，往往能够在激烈的竞争中存留下来，并将遗传信息传递给下一代，种群的适应度与算法所求解的质量相关，解的质量高低由适应度函数值确定。选择(selection)：基于适应度函数计算种群中个体的适应度，基于某种特定的选择方式，将解空间中的优质解传递给子代。交叉(crossover)：将父代染色体部分基因片段进行交换，产生新的子代，增加了种群遗传信息的多样性。变异(mutation)：模拟基因变异，将父代染色体的一个或多个基因位进行修改，产生新的子代个体，增加种群遗传信息的多样性。

遗传算法的特性有以下几点。

(1) 全局搜索。传统优化算法对单一可行解进行多次迭代择优，而遗传算法是对种群中多个个体同时编码，在求解过程中同时迭代多个可行解，具有良好的并行性，大大提高了遗传算法在求解过程中的全局搜索能力。

(2) 自适应机制。依靠种群的自我进化机制，能够把优良的遗传信息传递给子代。同时，该机制可以对算法起到约束作用，进而扩大算法应用范围。

(3) 遗传信息可变。遗传算法的交叉算子、变异算子、选择算子等操作中，均增添了遗传信息的不确定性，采取概率随机策略，增加种群多样性，加速算法收敛，增加算法全局搜索效率。

(4) 兼容性。遗传算法的使用条件宽松，具有较强的算法兼容性，易与其他启发式算法结合，提升算法的求解性能。

遗传算法从初始化种群开始，基于适应度函数评价种群中的个体质量，利用选择算子、交叉算子、变异算子对个体操作，反复迭代，最终收敛到全局最优解。遗传算法流程图如图 5-11 所示。

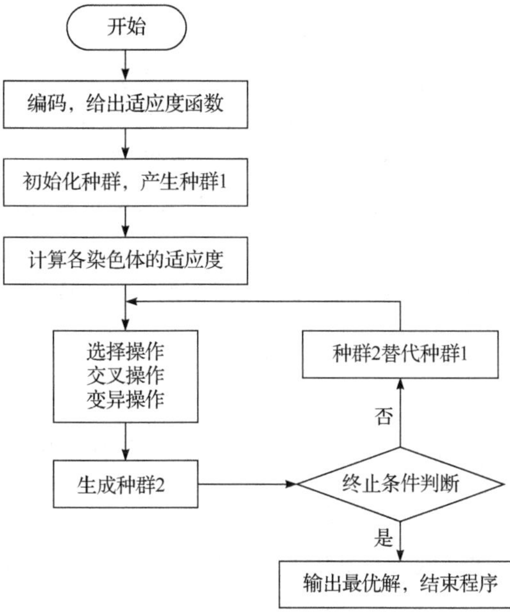

图 5-11　遗传算法流程图

3. 蚁群算法

蚁群算法是仿照蚂蚁群体在寻找食物过程中的行为，蚂蚁群体在寻找食物的过程中，会在其走过的路线上留下一种称为信息素的物质，该信息素的浓度含量与蚂蚁走过的路线长度成反比。蚂蚁更倾向于选择信息素浓度含量高的路线，然后留下一定量的信息素，从而形成一种正反馈机制，使得后期蚂蚁的搜索结果向最优解趋近。

在时刻 t 下，蚂蚁 k 由点 i 转移到点 j 的概率为

$$P_{ij}^{k}(t)=\begin{cases}\dfrac{\tau_{ij}^{\alpha}(t)\eta_{ij}^{\beta}(t)}{\sum\limits_{s\in \text{allowed}_k}\tau_{is}^{\alpha}(t)\eta_{is}^{\beta}(t)}, & s\in \text{allowed}_k\\ 0, & s\notin \text{allowed}_k\end{cases} \tag{5-12}$$

式中，α 为信息启发因子，表示蚂蚁在选择下一个节点时信息素发挥作用的程度；β 为期望启发因子，表示节点距离在蚂蚁选择下一个访问节点时的重要程度；allowed_k $(k=1,2,\cdots,m)$ 为蚂蚁 k 待访问的节点的集合，由于每个节点仅能访问一次，所以 allowed_k 集合为蚂蚁 k 在第 t 次迭代中还没有访问过的节点，开始时 allowed_k 中有 $n-1$ 个元素，随着已访问节点的增加，allowed_k 的元素不断减少，当其为空时，即表示已访问完所有节点；η_{ij} 为启发函数，蚂蚁选择下一节点的概率与启发函数值的大小成正比。

蚁群算法中启发函数通常取蚂蚁目前所在节点与下一时刻要选择的节点的距离的倒数，即

$$\begin{cases} \eta_{ij} = \dfrac{1}{d_{ij}} \\ d_{ij} = \sqrt{\left(x_i - x_j\right)^2 + \left(y_i - y_j\right)^2} \end{cases} \tag{5-13}$$

随着时间的推移，蚂蚁在路径上释放信息素的同时，信息素也会逐渐消失，信息素的这一特性称为挥发性，设参数 ρ ($0<\rho<1$)为信息素的挥发因子。因此，在经过一定的时间后需要对各个路径上的信息素进行更新，减去原有信息素挥发的部分，增加蚂蚁新增的信息素，更新规则为

$$\begin{cases} \tau_{ij}(t+1) = (1-\rho)\cdot\tau_{ij}(t) + \Delta\tau_{ij}(t,t+1) \\ \Delta\tau_{ij}(t,t+1) = \sum\limits_{k=1}^{m} \Delta\tau_{ij}^{k}(t,t+1) \end{cases} \tag{5-14}$$

$$\Delta\tau_{ij}^{k} = \begin{cases} \dfrac{Q}{d_{ij}}, & \text{若蚂蚁}k\text{在本次循环中经过边}ij \\ 0, & \text{否则} \end{cases} \tag{5-15}$$

式中，Q 为一只蚂蚁在一次迭代中释放的总信息素，为常数；ρ 为信息素挥发系数，ρ 值的大小与算法的性能有直接的关系，信息素挥发快慢与 ρ 值成正比。ρ 值大，影响算法的收敛速度；ρ 值小，算法将陷入局部最优解。

蚁群算法流程如图 5-12 所示。

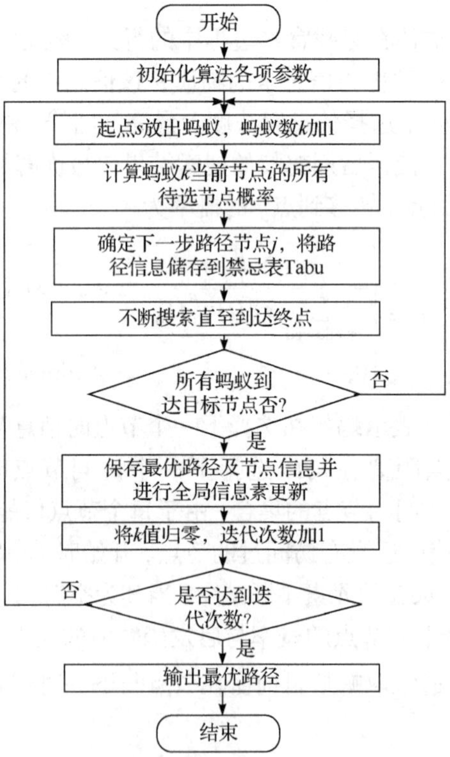

图 5-12　蚁群算法流程图

5.4　人工势场法

人工势场法的基本思想是在无人驾驶航空器所处的工作环境中人为地设置覆盖全局的力场，障碍物区域设置一定范围的斥力场，目标区域设置一定范围的引力场，然后通过引力与斥力的合力引导物体进行运动。人工势场法由于其良好的避障性能，在局部的路径规划中应用十分广泛。

1. 传统人工势场法

力场是一个矢量场，空间中每一个位置都会有大小和方向。将无人驾驶航空器看作一个质点，在某一时刻力场对这个点的作用力 F 是唯一确定的。作用力 F 是由势场函数通过微分的方法得到的，势场一般由两种性质的场决定：第一种是来自目标位置的引力场，它对物体产生引力，在引力的作用下使物体接近目标位置，引力的大小与目标和无人驾驶航空器位置的距离成正比，目标与无人驾驶航空器的距离越远，引力越大；第二种是来自障碍物的斥力场，斥力场产生斥力，使物体远离障碍物，斥力场只在障碍物周围一段距离内存在，超出这一范围后，障碍物的斥力场变为零。物体在引力和斥力的合力引导下运动，逐步到达目标位置。

引力场函数的表达式：

$$U_{\mathrm{att}}=\frac{1}{2}kp_G^2(q) \tag{5-16}$$

式中，$p_G(q)$ 为无人驾驶航空器到目标点的距离；k 为大于零的引力增益系数，用来调节引力的大小。

斥力场函数的表达式：

$$U_{\mathrm{rep}}=\begin{cases}\dfrac{1}{2}\eta\left(\dfrac{1}{p(q)}-\dfrac{1}{p_0}\right)^2, & p(q)\leqslant p_0\\ 0, & p(q)>p_0\end{cases} \tag{5-17}$$

式中，$p(q)$ 为无人驾驶航空器到障碍物的距离；η 为大于零的斥力增益系数；p_0 为障碍物的最大影响范围。

无人驾驶航空器运动的方向由力场函数取负梯度产生：

$$\begin{cases}F_{\mathrm{att}}=-kp_G(q)\\ F_{\mathrm{rep}}=\begin{cases}\eta\left(\dfrac{1}{p(q)}-\dfrac{1}{p_0}\right)\dfrac{1}{p^2(q)}, & p(q)\leqslant p_0\\ 0, & p(q)>p_0\end{cases}\end{cases} \tag{5-18}$$

总的场就是引力场和斥力场的叠加，对合场求梯度就得到物体运动的方向：

$$\begin{cases} U = U_{\text{att}} + U_{\text{rep}} \\ F = -\nabla U(q) \end{cases} \tag{5-19}$$

人工势场被广泛地应用在路径规划中，它无须对环境进行额外的处理，建模简单。人工势场对环境进行建模时，只需考虑障碍物和目标的方向、距离等因素。算法计算效率高，实时性强，由于斥力场只存在于障碍物附近，因此用人工势场法进行路径规划时，只需要计算一定距离内的障碍物信息，相对于基于全局信息的路径规划算法，人工势场法具有运算量少，计算速度快的优点。

然而，人工势场法方便的属性也带来了一些缺点，人工势场法在进行计算的时候只考虑物体周围一定范围内的障碍物的作用，缺少全局信息的指导，在环境复杂的时候容易陷入人工势场的缺陷中，导致路径搜索失败。常见的缺陷如目标点与障碍物相隔太近、障碍物的影响距离比较大，导致在目标点附近位置的斥力大于目标点的引力，出现目标不可达的情况，在复杂环境下，多个障碍物导致出现局部最小的情况等。

2. 改进策略

为了增强人工势场法进行路径规划和规避障碍物的能力，对传统的力场函数进行了改进，新的引力场函数：

$$U_{\text{att}} = \begin{cases} \dfrac{1}{2} k p_G^2(q), & p_G(q) \leqslant d_{\text{goal}} \\ d_{\text{goal}} k p_G(q) - \dfrac{1}{2} k \left(d_{\text{goal}}\right)^2, & p_G(q) > d_{\text{goal}} \end{cases} \tag{5-20}$$

在引力场中设置一个阈值 d_{goal}，将引力的大小限定在一个范围内，当物体与目标的距离大于阈值时，引力的大小不再增大，从而优化了由物体与目标距离太远导致的引力过大的问题。对应的引力函数：

$$F_{\text{att}} = -\nabla U_{\text{att}} = \begin{cases} k p_G(q), & p_G(q) \leqslant d_{\text{goal}} \\ d_{\text{goal}} k p_G(q), & p_G(q) > d_{\text{goal}} \end{cases} \tag{5-21}$$

对斥力场函数进行改进：

$$\begin{cases} U_{\text{rep}} = \begin{cases} \dfrac{1}{2} \eta \left(\dfrac{1}{p(q)} - \dfrac{1}{p_0} \right)^2 p_G^n(q), & p\ \ (q) \leqslant p_0 \\ 0, & p\ \ (q) > p_0 \end{cases} \\ F_{\text{rep}} = -\nabla U_{\text{rep}} = \begin{cases} \eta F_{\text{rep1}} + \dfrac{a}{2} \eta F_{\text{rep2}}, & p\ \ (q) \leqslant p_0 \\ 0, & p\ \ (q) > p_0 \end{cases} \end{cases} \tag{5-22}$$

$$F_{\text{rep1}}=\left(\frac{1}{p(q)}-\frac{1}{p_0}\right)\frac{p_G^n(q)}{p^2(q)}$$

$$F_{\text{rep2}}=\left(\frac{1}{p(q)}-\frac{1}{p_0}\right)^2 p_G^{n-1}(q)$$

当 n 的取值大于 1 时，F_{rep1} 和 F_{rep2} 都会随着无人驾驶航空器与目标点的距离的减少而减小，相当于增大了往目标方向的吸引力，从而减少在多障碍物的环境下产生局部极小值的情况。

基于人工势场法的无人驾驶航空器路径规划算法设有三个停止条件：一是无人驾驶航空器与目标位置的距离小于一个阈值，这时可以认为无人驾驶航空器已经达到目标位置；二是物体进入局部极小值的情况，即合外力为零；三是算法迭代的次数超过预设值。图 5-13 是无人驾驶航空器基于势场法的流程图。

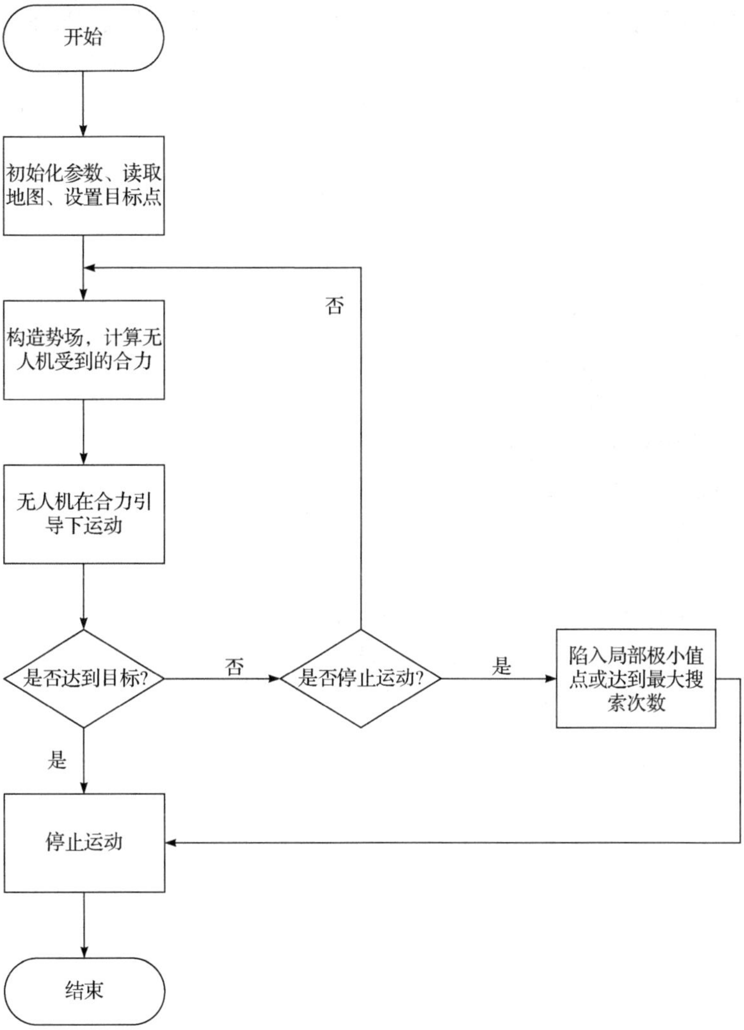

图 5-13　无人驾驶航空器基于势场法的流程图

小　结

本章深入研究了无人驾驶航空器避让路径规划的关键方面，旨在实现无人驾驶航空器的安全飞行和有效避让障碍物。路径规划在无人驾驶航空器技术中扮演着至关重要的角色，它需要考虑位姿空间、路径搜索方法、优化方法以及人工势场等多个方面，以确保无人驾驶航空器能够有效避让障碍物并规划出合适的航线。

首先，介绍了位姿空间的概念，包括如何构建位姿空间以描述无人驾驶航空器的状态和运动能力。位姿空间中的障碍物与路径规划也受到了重点关注，因为它们直接影响了路径的安全性和有效性。接下来研究了不同的路径搜索方法，包括基于图搜索的方法和基于采样的方法。这些方法为无人驾驶航空器提供了多种路径规划选项，以适应不同的应用场景和要求。在路径规划的过程中，优化方法也是至关重要的。本章讨论了基于数值优化的方法和基于启发式优化的方法，这些方法可以帮助无人驾驶航空器找到最佳的避让路径或飞行航线。此外，还介绍了人工势场方法，这是一种基于物理模拟的路径规划方法，通过模拟无人驾驶航空器与障碍物之间的相互作用来规划避让路径。

习　题

5-1　简述位姿的含义。

5-2　简述位姿空间的含义。

5-3　简述障碍物空间的含义。

5-4　简述自由空间的含义。

5-5　简述 C 空间中路径规划的定义。

5-6　画出标准 A^*搜索算法的流程图。

5-7　画出标准 RRT 算法的流程图。

5-8　写出粒子群算法的粒子位置和速度更新公式。

5-9　写出人工势场中引力场函数和斥力场函数的表达式。

5-10　写出人工势场中引力函数和斥力函数的表达式。

5-11　画出基于势场法的无人驾驶航空器路径规划流程图。

第 6 章　无人驾驶航空器动态冲突避让系统

无人驾驶航空器 DAA 源自有人驾驶航空器空中交通预警和防撞系统，对应着有人驾驶航空器的看见与规避系统，DAA 是执行一系列相互关联的算法，然后获取执行结果的系统。借鉴有人驾驶航空器的 ACAS 的防撞特点，无人驾驶航空器 DAA 需要具备一定的自主操作性，能探测合作和非合作空中飞行目标，合作型指无人驾驶航空器上装载有二代交通防撞系统 TCAS Ⅱ 和 ADS-B，这种协同式传感器可以让无人驾驶航空器和入侵机互相通信，共享空域态势。非合作型无人驾驶航空器则无法共享各自的状态信息，需要主动感知环境做出反应，探测后要根据需要通过地面操作员对无人驾驶航空器进行控制，使其适应不同飞行模式和空域类型。感知是指利用无人驾驶航空器自身携带的设备探测周围环境，获取周边信息。感知到周边环境态势后，再进行对碰撞威胁程度的计算，要求碰撞威胁的探测范围至少应该允许执行避让机动，从而让无人驾驶航空器之间保持足够的安全距离，再对无人驾驶航空器进行冲突告警。最后根据威胁评估的结果计算合理的避让机动，再给出对操作员的机动引导，引导无人驾驶航空器飞行。

FAA 联合美国航空航天局(National Aeronautics and Space Administration，NASA)专门成立了 SC-228 委员会，下设四个工作组，分阶段开展研究和验证，最终输出了最低运行性能标准 RTCA DO-365B，根据该标准中对 DAA 模块的功能要求，可以总结出无人驾驶航空器的 DAIDALUS 算法，这是一组用于检测和避让概念的算法，该算法基于布尔式从数学上定义了冲突避让 DWC。DAA 系统通过机载监视源感知到空中态势信息后，DAA 模块会实现无人驾驶航空器感知与避让警报逻辑(detect and avoid alerting logic for unmanned systems，DAIDALUS)算法，得到一系列对空域中飞机状态的预测信息以及对无人驾驶航空器的决策引导信息，并将这些信息发送到显示部件。

6.1　DAA 模块的工作原理

6.1.1　DAA 系统概述

DAA 系统是为了协助无人驾驶航空器操作员(PIC)在国家空域系统中安全地操作无人驾驶航空器的职责而开发的。如图 6-1 所示，DAA 系统由许多子系统和设备组成，包含无人驾驶航空器、控制站、入侵机、ATC 等子系统，DAA 系统支持地面监视、导航系统，全球定位系统以及通信系统。

DAA 系统的设备包括硬件、软件、固件、处理器、显示器和控制器，这些设备联合起来可以执行 DAA 预期的功能。设备主要分布在 UA 和 CS 这两个不同的区域。对设备进行分类可以让不同的配置支持不同的系统功能。一共有两个 DAA 设备类别。2 类装备

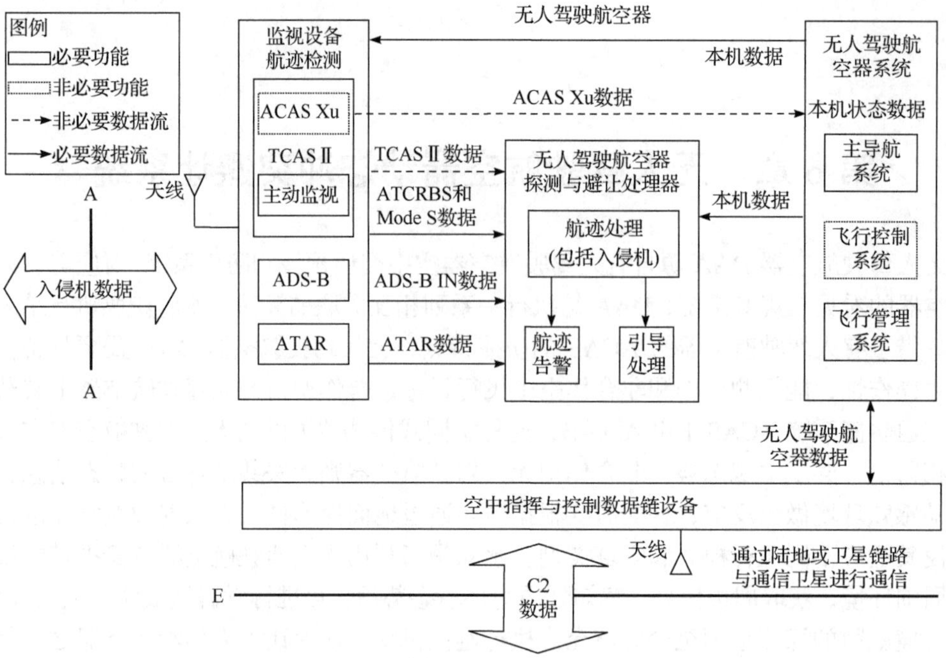

图 6-1　DAA 系统的整体架构

由 1 类装备升级而来，并且提供额外的功能。DAA 设备分类如下。

(1) 1 类设备包含基本的 DAA 设备。它需要至少三种机载监视技术来探测交通：ADS-B IN、主动监视和 ATAR 系统。它还包括了 UA DAA 处理器、CS DAA 处理器、CS DAA 交通显示以及 CS DAA 模式控制面板。

(2) 2 类设备是集成了 TCAS Ⅱ 系统的 1 类设备。TCAS Ⅱ 取代了 1 类中的主动监视部件。也就是说，DAA 引导警报取代了 TCAS 的交通咨询功能。这种类型的设备要求无人驾驶航空器与同等装备的 TCAS Ⅱ 入侵机进行 RA 协调。

6.1.2　DAA 处理器

不论是哪一类设备，DAA 处理器模块都是系统的核心，根据 RTCA DO-365B 标准，DAA 设备应该具有 7 种功能，包括交通探测、航迹处理、DAA 警告、引导维持 DWC，当 DWC 丢失时，引导恢复 DWC、显示交通状况等。基于这些功能，DAA 处理器的工作原理如图 6-2 所示。

先通过 DAA 监视传感器得到本机状态数据和监视数据，这些数据可用于生成和维护入侵机的轨迹，以支持 DAA 警报和引导功能，再结合两项独立设计的标准，即对净空区域的定义和设置的三个威胁级别的警报，再在输入的本机性能限制参数和风速的支撑下，在 DAIDALUS 算法模块中完成状态探测、警报和决策引导三项子功能，最终以可视化的方式将给出的警报和引导输出到显示部分。下面是对警报和引导功能的具体介绍。

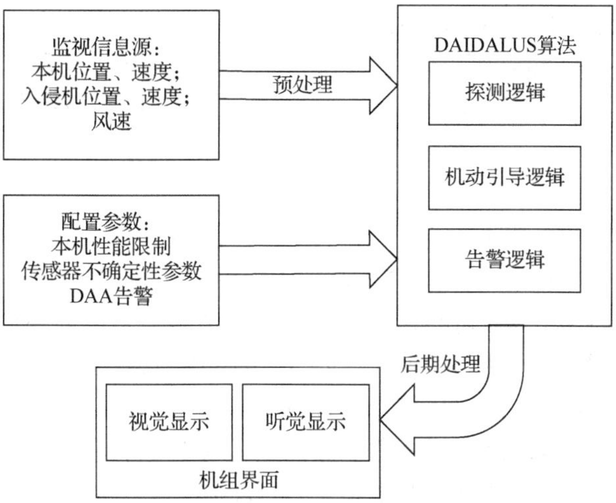

图 6-2　DAA 处理器的工作原理

1. 警报功能

警报是提供给 PIC 的听觉和视觉信息的组合。在某些相遇场景中，传感器可能在警报阈值内检测到入侵机，在这种情况下，入侵机最初就会被显示在警报状态。设计将 DAA 警报分为预防级、纠正级以及警告级三种警报。

(1) 预防级警报是为了提醒 PIC 注意，将在本机或入侵机垂直方向上进行操作时触发。PIC 在收到预防级警报后将保持高度，并监视入侵飞机的高度变化。DAA 系统应在入侵机进入预防级危险区之前最晚 20s，平均至少 55s 时，根据表 6-1 中的参数提供预防级警报。除非入侵机被宣布为更高优先级的警报，否则预防级警报应持续。

表 6-1　DAA 警报设置参数

时间变量/s	水平间隔距离/ft	垂直间隔距离/ft	最小平均警报时间/s	晚期警报时间/s	早期警报时间/s	对应警报级别
35	4000	700	55	20	75	预防级
35	4000	450	55	20	75	纠正级
35	4000	450	25	15	55	警告级

(2) 纠正级警报的目的是让 PIC 注意到此时要根据他们的判断来确定本机是否需要机动，并开始与空中交通管制中心协调，以维持 DWC 净空区。纠正级警报需要立即让 PIC 有所反应并立即进行响应。同样地，DAA 系统应在入侵机进入纠正危险区之前最晚 20s，平均至少 55s 时，根据表 6-1 中的参数值提供纠正警报。除非入侵机被宣布为更高优先级的警报，否则纠正级警报应持续。

(3) 警告级警报旨在通知 PIC 需要立即采取行动以维持 DWC 净空区。警告级警报需要让 PIC 立即意识到并及时对本机进行操作。DAA 系统应在入侵机进入警告危险区之前最晚 15s，平均至少为 25s，根据表 6-1 中的参数值提供警告级警报。警告级警报也应该持续，除非入侵机被宣布为 TCAS 纠正 RA 警报。

每架入侵机在任何时间点只有一种警报状态。如果入侵机满足多个警报条件，则入侵机的警报状态按以下顺序设置：①警告级警报；②纠正级警报；③预防级预警。

2. 引导功能

引导处理子功能会生成引导信息，并将这些信息提供给 PIC，以维持和恢复 DWC 净空区。生成的引导信息是 DAA 机动的基础，预防级引导信息是指水平和垂直方向上的机动范围或一系列范围(如航向、垂直速率或高度)，如果采取这一系列范围的机动，那么将导致入侵机在预防级警报的晚期警告阈值前进入预防级危险区域。类似的还有纠正级引导信息和警告级引导信息，它们都是指会导致入侵机在对应类型的警报阈值前进入对应类型的危险区的一系列机动范围。外围引导信息是与未处于警报状态的入侵机对应的引导信息。在系统预测到基于当前本机和入侵机的轨迹，可以保持 DWC 时，将会产生外围引导信息。因此，入侵机当下没有处于警戒状态，但是如果本机进行一种或多种特定的机动后，系统就会预测到本机将丢失与该入侵机的 DWC，即产生净空入侵。

将引导信息的类型大致分为正向引导(positive guidance)和负向引导(negative guidance)两种。正向引导信息是指由引导处理系统确定的一个或多个机动范围，其目的有两个：①不与所有已知入侵机发生冲突，且允许 PIC 马上执行该引导信息；②最小化与入侵机的冲突，且由 PIC 加入引导计划。重获 DWC 的引导信息就是正向引导，对于一架已经丢失或将要丢失 DWC 的入侵机来说，正向水平引导信息将会增大在两机最接近点(CPA)的水平距离，正向垂直引导信息将会增大两机在最接近点(CPA)的垂直距离。如果丢失了 DWC，本机通过采取这些引导信息，可以及时恢复 DWC。引导处理子功能应该在整个相遇中不断地提供正向的机动引导信息，以便 PIC 有选择性地进行机动。不论是哪种引导信息，水平方向上的引导信息输出为航向或轨迹角度。垂直方向上的信息输出为垂直速率或高度。引导类型分为维持 DWC 净空区和重获 DWC 净空区两种类型。

6.2 DAA 净空模型构建

6.2.1 净空模型的进展

RTCA 的 DAA 白皮书中规定了正确通行的规则，这些规则的目的是避免碰撞，与其他飞机保持良好的距离，即保持净空。在同一本白皮书中还写明：DAA 科学与研究小组(Science and Research Panel，SaRP)将向 DAA 工作组提供关于 Well Clear 定义的意见，SC-228 成员也将提供意见。在为 DAA 系统制定的最低运行性能标准中，确定 Well Clear 是当务之急。一开始，DAA 科学与研究小组试图定义一套一致的 DWC，以准确的框架来研究问题。为此，DAA 科学与研究小组于 2013 年 8 月 27 日至 29 日举办了 Well Clear 研讨会，会上就五项原则达成了一致意见，以描述 Well Clear。

1. DWC 距离定义

在水平维度上，最初的 DWC 定义最小水平间隔距离为 4000ft，在垂直维度上，DWC 定义最小垂直间隔距离为 700ft。在这个定义中，当入侵机的飞机突破水平和垂直阈值时，就会发生 DWC 的损失，也称为净空入侵。图 6-3 描述了这个 DWC 的定义。

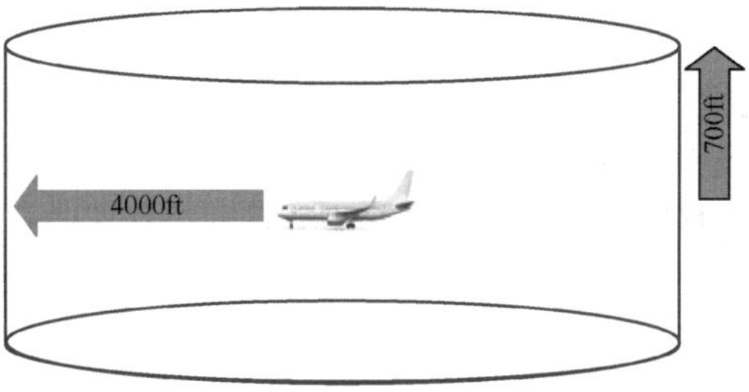

图 6-3　SaRP 推荐的 DWC 定义

需要注意的是，在美国科学与研究小组推荐的 DWC 定义中，它定义了 700ft 的垂直阈值，与另一架飞机在水平相遇时，这个垂直阈值保证了 TCAS Ⅱ 发出 RA 的鲁棒性，但这个阈值也超过了仪表飞行规则(instrumental flight rule，IFR)和目视飞行规则(visual flight rule，VFR)之间公认的 500ft 的间隔标准。

2014 年 9 月，FAA 发布了一份白皮书，在书中回应了对 DWC 定义中垂直维度上 700ft 可能引发的运行问题的关注，FAA 提出了“修改现有的净空定义中的垂直阈值为 450ft”，此外，白皮书提出了 DAA“交通咨询警告阈值”将设置在 700ft 的垂直边界。

2. DWC 模型构建

在两机的相遇过程中，其相对速度和相对距离是在不停变化的，而原有的由水平最小分离门限和垂直最小分离门限定义的圆柱体净空区域则是固定不变的，所以现有模型在整个相遇过程中并不能将飞机的状态改变加入考虑，这也造成了其安全性能的损失，因此本书遵循了 FAA 提出的新定义，将垂直维度上的门限改为 450ft，并将 700ft 设置为触发警报的距离门限。在该圆柱体模型的基础上，还结合了由水平时间变量定义的净空区域，构建了新的净空模型，如图 6-4 所示。

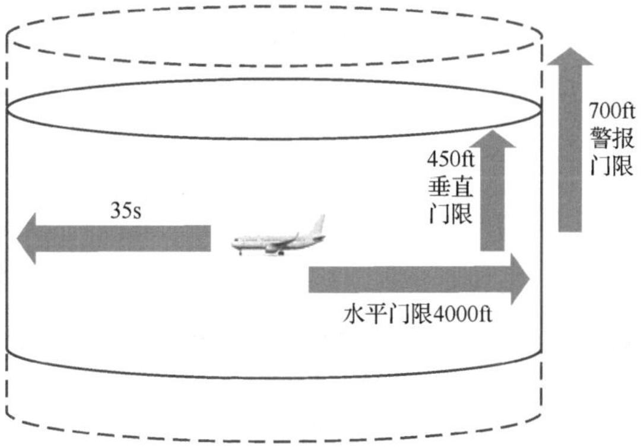

图 6-4　加入了水平时间变量的净空模型

水平时间变量是一个将相对水平位置和速度映射为实数的函数，在增加了由水平时间变量定义的模型下，该净空模型将不再是固定不变的圆柱体，而是会随着相遇过程中两机的相对状态的改变而发生变化，可以更加准确地对空域中的飞行器进行探测，并对本机进行告警和引导。

6.2.2 距离和时间变量

距离和时间变量是所有保证间隔概念的重要元素。这些变量是与飞机当前状态有关的函数结果，并可以与距离和时间阈值进行比较。许多冲突检测和解脱系统，依赖到达最接近点的时间 t_{cpa} 和当时的距离，并将其作为衡量冲突状态的重要变量。

1. 距离变量

这里先假设有两类飞机，即本机(ownship)和入侵机(intruder)。设置本机的当前水平位置和速度分别为 $\boldsymbol{s}_o$ 和 $\boldsymbol{v}_o$，它的高度和垂直速度分别表示为 s_{oz} 和 v_{oz}；入侵机的水平位置和速度分别表示为 $\boldsymbol{s}_i$ 和 $\boldsymbol{v}_i$，它的高度和垂直速度分别表示为 s_{iz} 和 v_{iz}；飞机的水平相对位置和速度分别表示为 $\boldsymbol{s}=\boldsymbol{s}_o-\boldsymbol{s}_i$，$\boldsymbol{v}=\boldsymbol{v}_o-\boldsymbol{v}_i$，飞机的垂直相对位置和速度分别表示为 $s_z=s_{oz}-s_{iz}$，$v_z=v_{oz}-v_{iz}$。

假设相对水平速度 v 恒定，在任意 t 时刻，两机之间的水平范围表达式为

$$r(t)=\|\boldsymbol{s}+t\boldsymbol{v}\|=\sqrt{\boldsymbol{s}^2+2t(\boldsymbol{s}\cdot\boldsymbol{v})+t^2\boldsymbol{v}^2} \tag{6-1}$$

到最接近点 (CPA) 的时间即为 $r(t)$导数为 0 的时间 t_{cpa} 为

$$t_{\text{cpa}}(\boldsymbol{s}\cdot\boldsymbol{v})=\begin{cases}-\dfrac{\boldsymbol{s}\cdot\boldsymbol{v}}{\boldsymbol{v}^2}, & v\neq 0\\ 0, & v=0\end{cases} \tag{6-2}$$

到最接近点 (CPA) 的距离 d_{cpa} 为

$$d_{\text{cpa}}(\boldsymbol{s},\boldsymbol{v})=r(t_{\text{cpa}}(\boldsymbol{s},\boldsymbol{v}))=\|\boldsymbol{s}+t_{\text{cpa}}(\boldsymbol{s},\boldsymbol{v})\cdot\boldsymbol{v}\| \tag{6-3}$$

在垂直方向上，在相对垂直速度不变的前提下，任意 t 时刻，两机之间的相对高度为

$$r_z(t)=|s_z+tv_z| \tag{6-4}$$

达到相同高度的时间为

$$t_{\text{coa}}=(s_z,v_z)=\begin{cases}-\dfrac{s_z}{v_z}, & s_z\cdot v_z<0\\ -1, & \text{其他}\end{cases} \tag{6-5}$$

$s_z\cdot v_z$ 表明了飞机是否在垂直方向上趋近，当 $s_z\cdot v_z>0$ 时，代表两机在垂直方向上发散；当 $s_z\cdot v_z<0$ 时，代表两机在垂直方向上收敛；当两机没有垂直收敛时，定义达到相同高度的时间为−1，代表永远不会达到同一高度。

2. 水平时间变量

可以把水平时间变量当作一个函数，这个函数将相对水平位置和速度映射为实数。当两架飞机水平发散时，这个实数是一个负值，代表两机没有相互接近。当实数非负时，用来表示水平时间，在保证分离逻辑中，用来与时间门限进行比较。例如，在探测逻辑中使用t_{cpa}作为时间变量。在这里把该时间门限表示为 TTHR(time of detection threshold)，用来估计t_{cpa}的水平时间变量一共有两种，分别为 tau 值、修正的 tau 值，以及一个到达进入点的时间t_{ep}。

tau 是早期版本的 TCAS 检测逻辑中使用的时间变量，表示为τ，但它对传感器和监视技术的要求比t_{cpa}低，实际上，τ被简单地定义为两机之间的距离除以它们之间的接近率：

$$\tau = -\frac{r(0)}{\dot{r}(0)} = -\frac{\|\boldsymbol{s}\|}{\frac{\boldsymbol{s}\cdot\boldsymbol{v}}{\|\boldsymbol{s}\|}} = -\frac{\boldsymbol{s}^2}{\boldsymbol{s}\cdot\boldsymbol{v}} \tag{6-6}$$

当飞机不是水平汇聚时，τ为−1，因此通常定义τ为

$$\tau(\boldsymbol{s},\boldsymbol{v}) = \begin{cases} -\dfrac{\boldsymbol{s}^2}{\boldsymbol{s}\cdot\boldsymbol{v}}, & \boldsymbol{s}\cdot\boldsymbol{v}<0 \\ -1, & \text{其他} \end{cases} \tag{6-7}$$

在有限的情况下，τ和t_{cpa}的值是一致的，但是只限于飞机速度较大的情况。因此，TCAS Ⅱ使用了τ的修正值，表示为τ_{mod}，τ_{mod}在最接近点(CPA)附近更加精确，表达式为

$$\tau_{\mathrm{mod}}(\boldsymbol{s},\boldsymbol{v}) = \begin{cases} \dfrac{\mathrm{DTHR}^2-\boldsymbol{s}^2}{\boldsymbol{s}\cdot\boldsymbol{v}}, & \boldsymbol{s}\cdot\boldsymbol{v}<0 \\ -1, & \text{其他} \end{cases} \tag{6-8}$$

式中，DTHR 是水平距离门限值(distance threshold)，这个值在 TCAS Ⅱ的 RA 逻辑中被称为 DMOD(distance modification of modified tau)，它的实际值取决于本机高度的灵敏度水平，在 RTCA DO-365B 标准中，规定了 DMOD=DTHR。

由式(6-8)可以推导出进入由τ_{mod}定义的净空边界的时间，其示意图如图 6-5 所示。

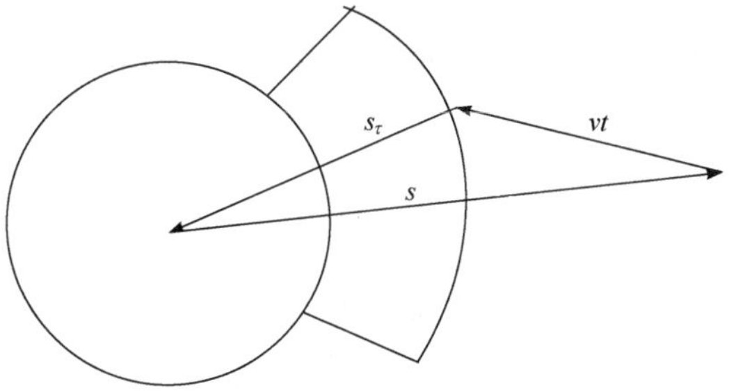

图 6-5　净空示意图

3. 水平时间变量的性质

对称性是水平时间变量的一个重要性质，对于所有 s 和 v 来说，时间变量都是对称的：

$$t(\boldsymbol{s},\boldsymbol{v})=t(-\boldsymbol{s},-\boldsymbol{v}) \tag{6-9}$$

这是因为对称性保证在飞机两两相遇的情况下，本机和入侵机计算的时间变量值是相同的。因此，根据给定的时间阈值检查对称的时间变量，将对两架飞机的净空判断，返回相同的布尔值。

也可以定义非对称的时间变量。例如，当入侵者的飞机第一次进入与本机轨迹对齐的椭圆区域时，对每个场景计算出的时间变量就并不都是对称的。然而，通过使用最大和最小操作，任何时间变量都可以转换成对称的。例如，$\min(t(\boldsymbol{s},\boldsymbol{v}),t(-\boldsymbol{s},-\boldsymbol{v}))$ 和 $\max(t(\boldsymbol{s},\boldsymbol{v}),t(-\boldsymbol{s},-\boldsymbol{v}))$ 对于任何场景下计算出的时间变量来说都是对称的。

水平时间变量的第二个属性：当两架飞机在水平方向收敛，当前它们之间的距离大于水平门限 DTHR，且它们在最接近点的距离不大于 DTHR 时，有

$$\tau_{\text{mod}}(\boldsymbol{s},\boldsymbol{v})\leqslant t_{\text{cpa}}(\boldsymbol{s},\boldsymbol{v})\leqslant \tau(\boldsymbol{s},\boldsymbol{v}) \tag{6-10}$$

可以看出，τ_{mod} 与到达最近点的时间 t_{cpa} 有最高的相似性。

6.2.3 DWC 的数学定义

本节中 DWC 的定义用于支持 DAA 性能评估。这些方程中的值代表真实的间隔距离，而不是测量或估算的间隔距离。然而，对于合作的飞机，可以使用报告的气压高度信息，因为这是用于国家航空系统垂直间隔的高度信息。合作型无人驾驶航空器 DWC、终端区 DWC 和非合作型无人驾驶航空器 DWC 的定义都采用相同的数学形式，只是具有不同的参数。

当式(6-11)成立时，代表 DWC 净空区遭到入侵：

$$[0\leqslant \tau_{\text{mod}}\leqslant \tau_{\text{mod}}^{*}],[\text{HMD}\leqslant \text{HMD}^{*}],[-h^{*}\leqslant d_h\leqslant h^{*}] \tag{6-11}$$

其中，协作型无人驾驶航空器 DWC：

$$\tau_{\text{mod}}^{*}=35\text{s},\ \ \text{HMD}^{*}=4000\text{ft},\ \ \text{DMOD}=4000\text{ft},\ \ h^{*}=450\text{ft}$$

终端区 DWC：

$$\tau_{\text{mod}}^{*}=0\text{s},\ \ \text{HMD}^{*}=1500\text{ft},\ \ \text{DMOD}=1500\text{ft},\ \ h^{*}=450\text{ft}$$

非协作型无人驾驶航空器 DWC：

$$\tau_{\text{mod}}^{*}=0\text{s},\ \ \text{HMD}^{*}=2200\text{ft},\ \ \text{DMOD}=2200\text{ft},\ \ h^{*}=450\text{ft}$$

其中，τ_{mod} 是基于水平范围的修正 τ；τ_{mod}^{*} 是修正 τ 的阈值；HMD 是在 CPA 的水平相遇距离；HMD^{*} 是水平相遇距离阈值；d_h 是当前的垂直间隔；h^{*} 是垂直间隔阈值；DMOD 是修正 τ 下的修正距离。

当两机相互趋近时，τ_{mod} 的定义为

$$\tau_{\text{mod}}=\begin{cases}\dfrac{-(r^2-\text{DMOD}^2)}{r\dot{r}}=\dfrac{\text{DMOD}^2-r^2}{d_x\cdot v_{rx}+d_y\cdot v_{ry}}, & r>\text{DMOD}\\ 0, & r\leqslant \text{DMOD}\end{cases} \tag{6-12}$$

当 $r>\text{DMOD}$ 且两机没有趋近时，τ_{mod} 是无穷大。

r 是两机之间的水平范围：

$$r=\sqrt{d_x^2+d_y^2} \tag{6-13}$$

$\dot{r}$ 是两机之间的水平接近率：

$$\dot{r}=\frac{d_x\cdot v_{rx}+d_y\cdot v_{ry}}{r} \tag{6-14}$$

d_x 是当下 X 维度下的水平间隔：

$$d_x=x_2-x_1 \tag{6-15}$$

d_y 是当下 Y 维度下的水平间隔：

$$d_y=y_2-y_1 \tag{6-16}$$

v_{rx} 是 X 维度上的水平相对速率：

$$v_{rx}=\dot{x}_2-\dot{x}_1 \tag{6-17}$$

v_{ry} 是 Y 维度上的水平相对速率：

$$v_{ry}=\dot{y}_2-\dot{y}_1 \tag{6-18}$$

在 CPA 的 HMD 定义为

$$\text{HMD}=\sqrt{(d_x+v_{rx}t_{\text{cpa}})^2+(d_y+v_{ry}t_{\text{cpa}})^2},\quad t_{\text{cpa}}\geqslant 0 \tag{6-19}$$

在 CPA 的 t_{cpa} 定义为

$$t_{\text{cpa}}=-\frac{d_x\cdot v_{rx}+d_y\cdot v_{ry}}{v_{rx}^2+v_{ry}^2} \tag{6-20}$$

d_h 的定义为

$$d_h=h_2-h_1 \tag{6-21}$$

其中，h_1 和 h_2 分别是两架飞机的高度，垂直间隔距离相当于相对高度。

6.3　UAS 通行路权授权

在本节中，将利用冲突几何形态中的方位、相对航向和水平相遇距离(HMD)来确定：

①冲突几何形态的分类；②无人驾驶航空器是否具有通行权(right of way, ROW)；③如果适用 UAS 通行路权，DAA 系统应采取或建议远程驾驶员采取的机动方向以保持 DWC。

6.3.1　垂直汇聚冲突

如果冲突几何态势导致 DWC 空间穿透其垂直保护阈值，那么通过垂直机动可更有效地解决这种冲突。如图 6-6 和图 6-7 所示，如果本机在垂直方向朝向入侵机的高度汇聚，且预计 DWC 空间将穿透垂直保护阈值(±450ft)，则可以通过调整本机的爬升或下降剖面来垂直维持 DWC，从而解决这种冲突。这种垂直解决方案可以推广到所有具有不同进场角度的入侵机所处的几何形态，如正面、超车或汇聚。

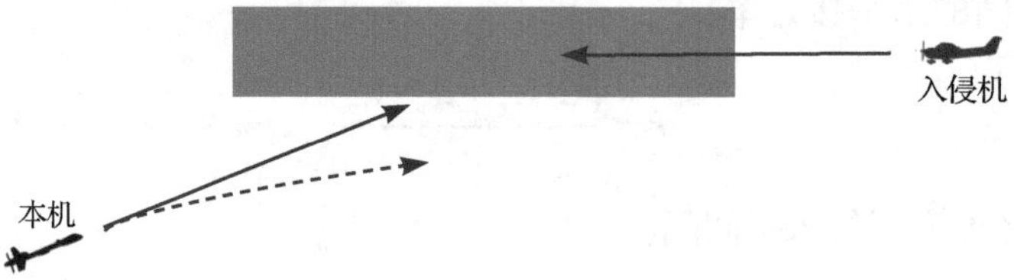

图 6-6　本机正在爬升的垂直汇聚冲突

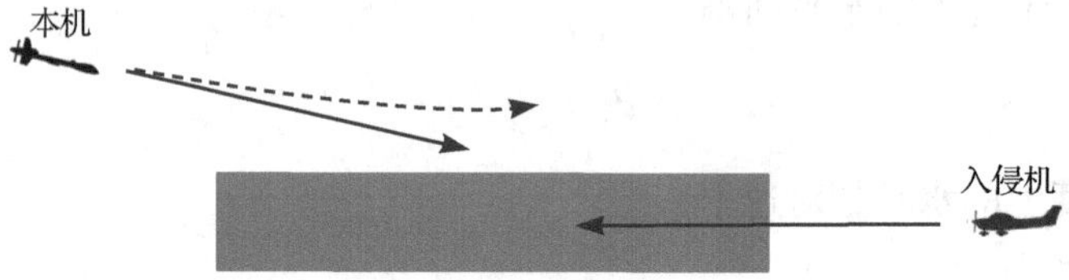

图 6-7　本机正在下降的垂直汇聚冲突

6.3.2　平面明确冲突

具有显著的水平相遇距离(HMD)的平面冲突(共高度)被认为是“明确”的冲突。如图 6-8 所示，选择 1000ft 的 HMD 阈值来将冲突分类为水平明确冲突或是水平模糊冲突。选择这个 1000ft 的 HMD 阈值是基于一个上限为 4000ft(根据 DWC 的定义)和一个足够大的下限，以便在 DAA 声明阈值(DAA declaration threshold, DDT)处可以被 DAA 系统合理

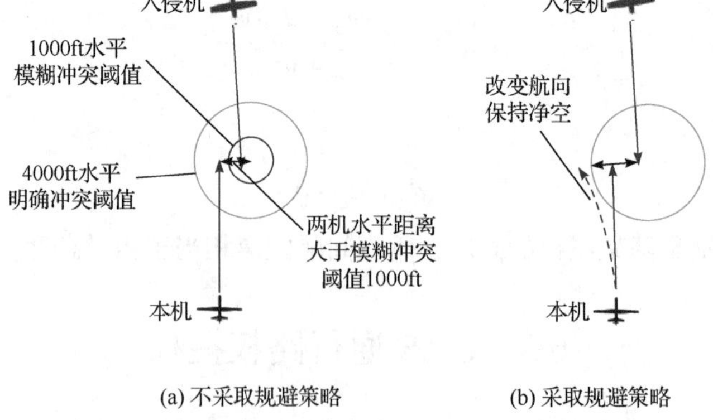

图 6-8　具有足够大的水平相遇距离的水平明确冲突

估算。在这个明确冲突的例子中，尽管被分类为正面冲突，但本机没有通行权，预期将向左转以保持 DWC。

6.3.3　水平模糊冲突

本节讨论了具有足够小的 HMD(HMD < 1000ft)的丧失净空(loss of DAA well clear, LoWC)冲突，因此需要明确的几何分类和通行授权。以下水平模糊冲突在后续有详细描述：正面、被超越、超越、左侧斜超越、右侧斜超越、从左侧汇聚、从右侧汇聚。

1. 正面冲突

对于正面几何形态，入侵机必须位于±10°的方位角内(惯性速度矢量或地面航迹)，并且本机和入侵机在入侵机航向的±10°范围内运行(Δ(HDG) = 180°±10°)，如图 6-9 所示。在这种情况下，本机没有通行权，预期将向右转以保持 DWC。

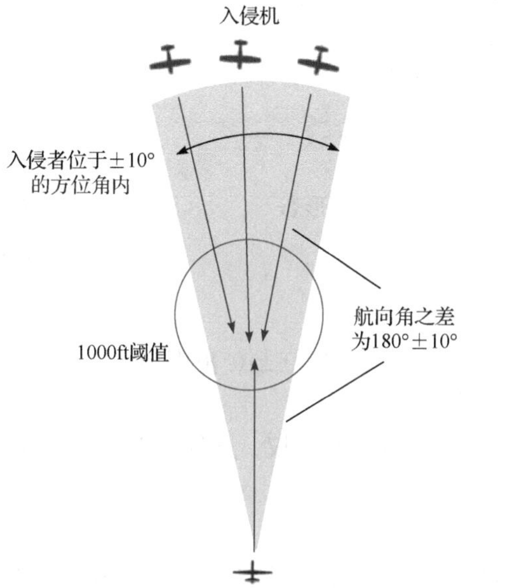

图 6-9　具有方位角和相对航向标准的正面几何形态

2. 被超越

对于被超越的几何形态，如图 6-10 所示，本机从后方接近，具有以下标准。

(1) 入侵机在本机后方，位于本机行进方向的±90°范围内。

(2) 本机位于入侵机行进方向的±90°范围内。

在这种几何形态中，本机具有通行权，不预期进行机动。然而，如果 DAA 警报提示存在 DWC 风险，本机可能会进行机动以保持 DWC，而不考虑通行权。

3. 超越

对于超越的几何形态，如图 6-11 所示，本机从后方接近入侵机，具有以下标准。

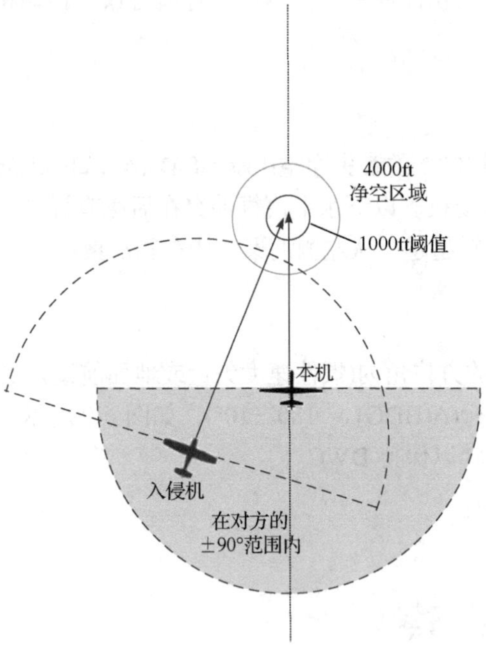

图 6-10　具有方位角标准的被超越几何形态

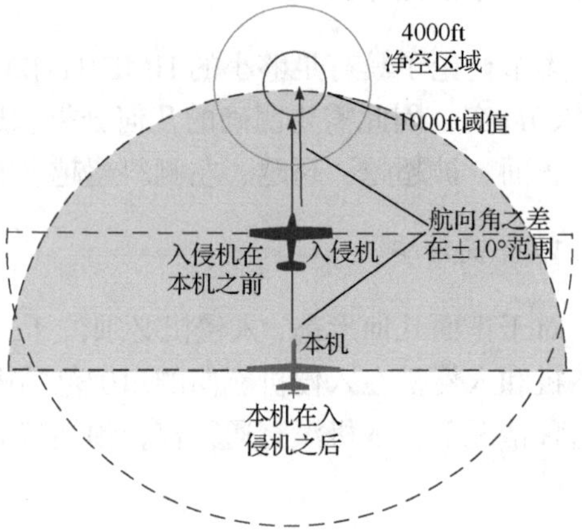

图 6-11　具有方位角和相对航向标准的超越几何形态

(1) 本机位于入侵机后方。
(2) 本机和入侵机之间的相对航向在±10°范围内。
(3) 入侵机位于本机前方。
在这种几何形态中，本机没有通行权，必须向右机动以保持 DWC。

4. *左侧斜超越*

对于左侧斜超越的几何形态，如图 6-12 所示，本机从后方接近入侵机，具有以下标准。
(1) 本机位于入侵机的右后象限。
(2) 入侵机位于本机的左前象限。
在这种几何形态中，本机没有通行权，必须机动以保持 DWC。

5. *右侧斜超越*

对于右侧斜超越的几何形态，如图 6-13 所示，本机从后方接近入侵机，具有以下标准。
(1) 本机位于入侵机的左后象限。
(2) 入侵机位于本机的右前象限。
在这种几何形态中，本机没有通行权，必须机动以保持 DWC。

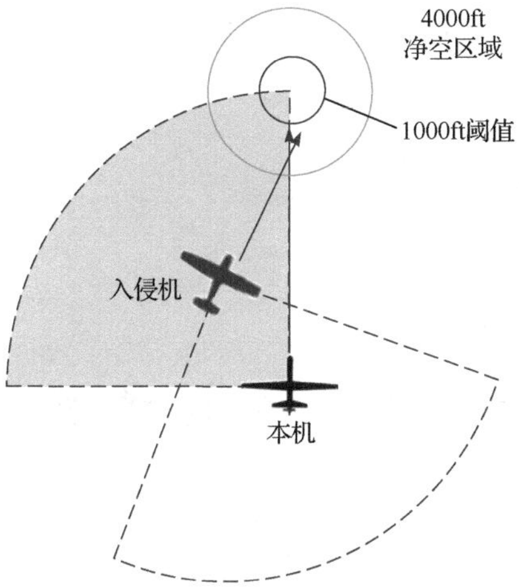

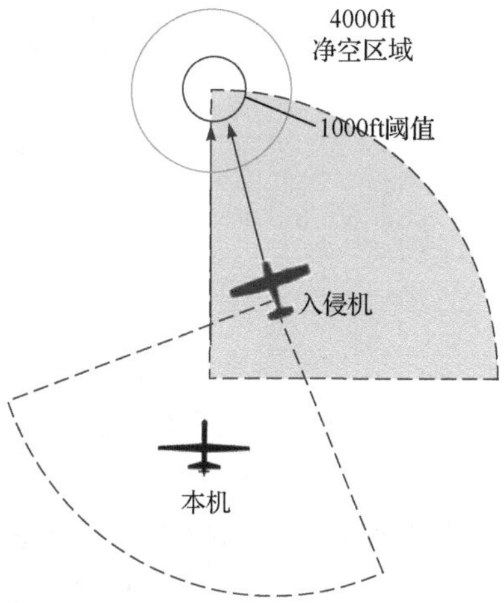

图 6-12 具有方位角标准的左侧斜超越几何形态 图 6-13 具有方位角标准的右侧斜超越几何形态

6. 从左侧汇聚

对于从左侧汇聚的几何形态，入侵机位于本机的左前象限，而本机位于入侵机的机翼前方，如图 6-14 所示，具有以下标准。

(1) 入侵机位于本机的左侧，并位于本机的前方(入侵机位于本机的左前象限)。

(2) 本机位于入侵机的前方。

(3) 飞机不处于正面冲突几何形态。

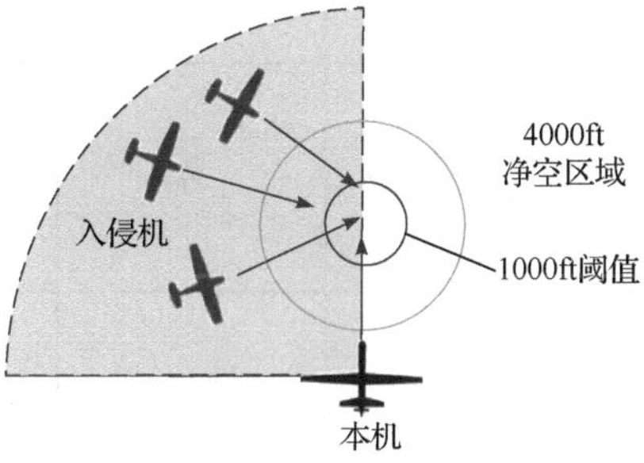

图 6-14 从左侧汇聚

对于这种几何形态，本机具有通行权，不预期进行机动。然而，如果通过 DAA 警报警示持续存在 DWC 风险，本机可能会进行机动以保持 DWC，而不考虑通行权规则。

7. 从右侧汇聚

对于从右侧汇聚的几何形态，入侵机位于本机的右前象限，而本机位于入侵机的机翼前方，如图 6-15 所示，具有以下标准。

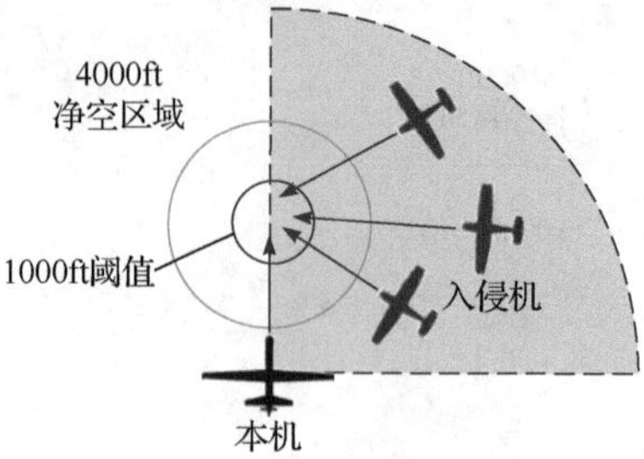

图 6-15　从右侧汇聚

(1) 入侵机位于本机的右侧，并位于本机的前方(入侵机位于本机的右前象限)。
(2) 本机位于入侵机的前方。
(3) 飞机不处于正面冲突几何形态。
对于这种几何形态，入侵机具有通行权，本机必须机动以保持 DWC。
表 6-2 提供了基于整体几何分类的 QROW 摘要。

表 6-2　模糊几何形态的 QROW 摘要

几何分类	描述	本机是否拥有通行权	入侵者是否具有通行权	拥有通行权的机动方向
正面冲突	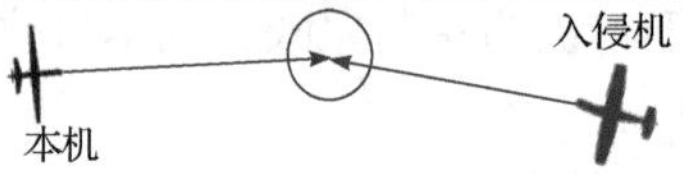	否	否	向右转
被超越的本机	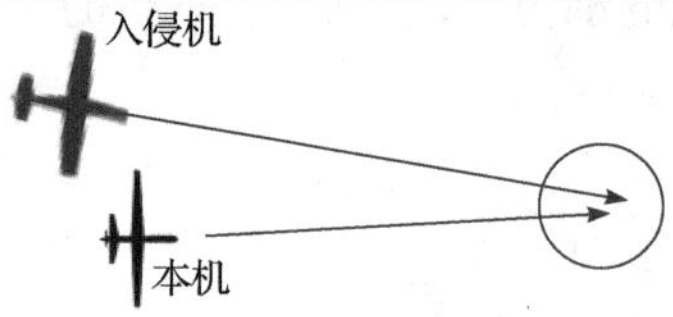	是	否	无
超越的本机	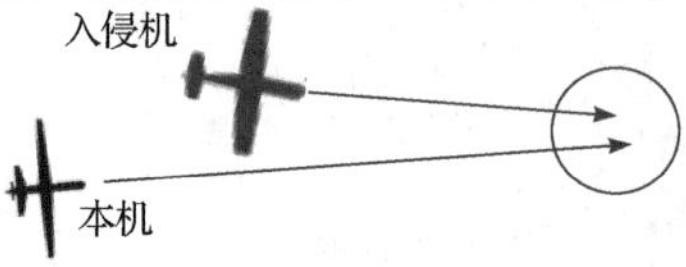	否	是	向右转
左侧斜超越的本机	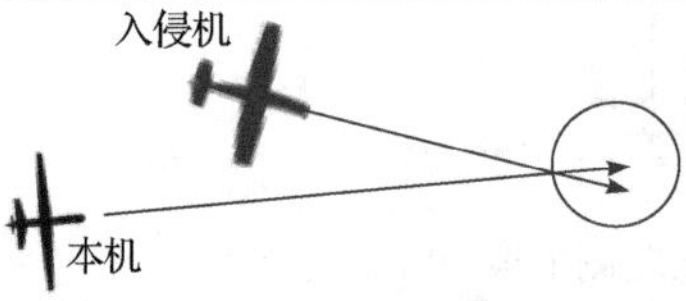	否	是	机动以保持 DWC
右侧斜超越的本机	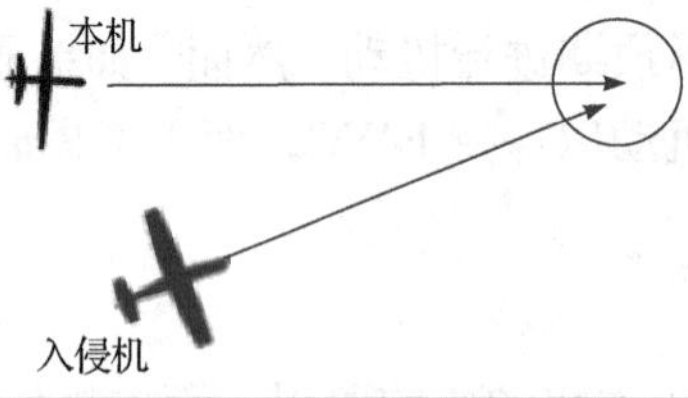	否	是	机动以保持 DWC

续表

几何分类	描述	本机是否拥有通行权	入侵者是否具有通行权	拥有通行权的机动方向
从左侧汇聚的入侵机	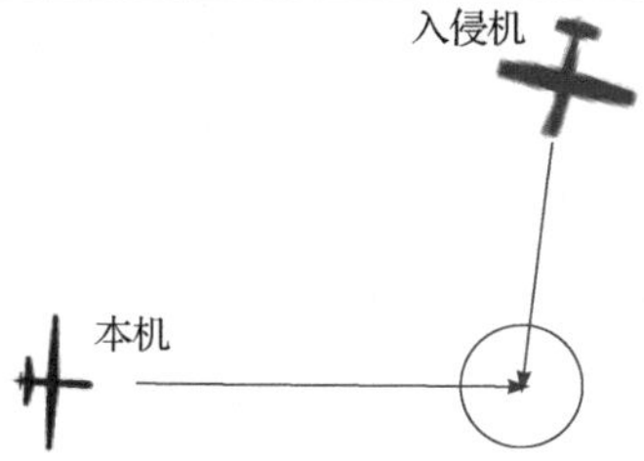	是	否	无
从右侧汇聚的入侵机	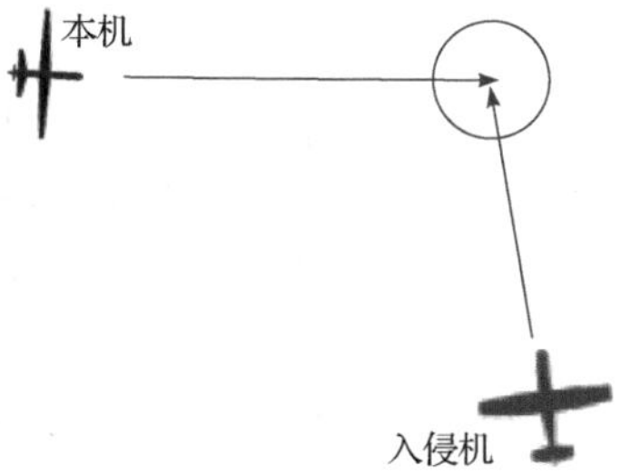	否	是	机动以保持 DWC

6.4　UAS 的机动性能要求

UAS 的机动性能要求指的是在一定时间里保持碰撞规避的能力。这里对无人驾驶航空器所需的机动性能参数进行相关介绍。

规避碰撞的需求是根据无人驾驶航空器之间的距离和 DWC 损失时间来定义的。无人驾驶航空器之间的距离对传感器要求特别重要，而 DWC 损失时间更适用于 DAA 时间线分析。距离参数被定义为初始机动范围(maneuver initiation range，MIR)，是无人驾驶航空器启动 DAA 机动选项并维持 DWC 所需的无人驾驶航空器之间的最小距离。如果在小于 MIR 的范围内发起机动，则 DWC 肯定会失效。考虑到这些是 DAA 启动的最小容许值，系统设计者必须将与 DAA 系统其他子功能(如警报和飞行员响应)相关的时间和范围添加到此处提供的值中，包括维持 DWC 所需的距离和时间，其取决于 UAS 的速度、机动性和运行环境，以及适用的 DWC 定义范围。本节主要对 DAA 水平和垂直机动能力、LoWC 的机动时间和初始机动范围进行分析。

6.4.1　DAA 水平机动能力

无人驾驶航空器的机动性能要求是根据理想化的动力学模型制定的。假设无人驾驶航空器能够维持指令的转弯速率，同时在整个冲突过程中保持初始空速。假设无人驾驶航空器以恒定高度直线和水平飞行，可以立即执行水平转弯机动。无人驾驶航空器的航向变化不会超过 90°，并假设转向最有利的方向。假设恒定的滚转速率为 5°/s，并具有瞬时滚转加速度以达到和停止转弯速率。

机动性能要求根据三个参数进行划分：转弯速率、冲突高度以及入侵者是否合作。

转弯速率对机动所需范围的影响是非线性的。因此，所提出的转弯速率的范围要求之间的线性插值是无效的。如果无人驾驶航空器能够维持所提供的两个速率之间的转弯速率，则必须使用较低转弯速率的范围要求来确保维持 DWC。

例如，如果无人驾驶航空器能够维持 3°/s 或更高的转弯速率，则必须使用 3°/s。能够以高于上述规定的速率进行机动的无人驾驶航空器必须符合与其相关的标准要求。如果无人驾驶航空器无法在整个机动过程中保持其初始速度，则可以进行 90°水平转弯的最小速度来满足要求。这将确保无论无人驾驶航空器失速的速度有多大，都不会发生净空区丢失(LoWC)。

6.4.2 DAA 垂直机动能力

对于在整个机动过程中保持初始空速的无人驾驶航空器，在正(爬升)和负(下降)垂直方向上的机动性能是同等的，只有一些细微的差异。针对三种垂直速率指令提出垂直机动范围要求：500ft/min、1000ft/min 和 1500ft/min。对于恒定空速，维持 DWC 所需的航程与指令的垂直速率成反比。

对于航路中和非合作 DWC 相关的垂直 DAA 机动，所提出的要求适用于对头、同高度、非加速的入侵者。对于这些机动，无人驾驶航空器被假设为在恒定高度上直线飞行，模拟典型的仪表进近航线。所需的航程假设无人驾驶航空器在整个机动过程中保持指令的垂直速率。DWC 定义中设定缓冲区表明该机动最多需要 500ft 的高度变化。因此，对于垂直 DAA 机动，垂直速率必须能够承受 500ft 的高度变化。对于爬升机动，在激进指令下的爬升过程中，无人驾驶航空器可能会失速，同时试图保持垂直速率指令。空速的降低缩短了为了达到所需的垂直位移而向前行驶的距离。因此，必须使用初始空速，而不是最小或最终空速作为输入。对于下降机动，在激进指令的下降期间，无人驾驶航空器可能会加速，同时尝试保持垂直速率指令。额外的空速增加了前进的距离，以达到所需的垂直位移。因此，必须使用最大空速而不是初始空速作为输入。

此外，较慢的空速比较快的空速需要更大的飞行路径角度。由于飞行航迹角相对较小，飞行速度最快的无人驾驶航空器需要比飞行速度较慢的无人驾驶航空器更长的前进距离才能达到相同的高度变化。

所提出的垂直机动范围要求是在假设正常负载系数增量为重力加速度(g)和瞬时俯仰加速度的±25%的情况下计算的。该正常载荷系数对应于速度矢量(γ)的垂直变化率，在 40KTAS(KTAS 是 knots 在航空领域中表示真空速时的特定用法，用于精确描述飞机在空气中的真实运动速度)时，为 6.8°/s；在 60KTAS 时，为 4.5°/s；在 200KTAS 时，为 1.3°/s；在 600KTAS 时，为 0.45°/s。

垂直 DAA 机动模型分为三个不同的部分，即初始飞行路径、恒定俯仰半径和最终飞行路径，如图 6-16 所示。LoWC 的机动启动时间是根据机动启动点到发生完全 LoWC 的位置计算的，并且与入侵者的位置无关。然后，引入恒定飞行路径上的入侵者来计算初始机动范围。

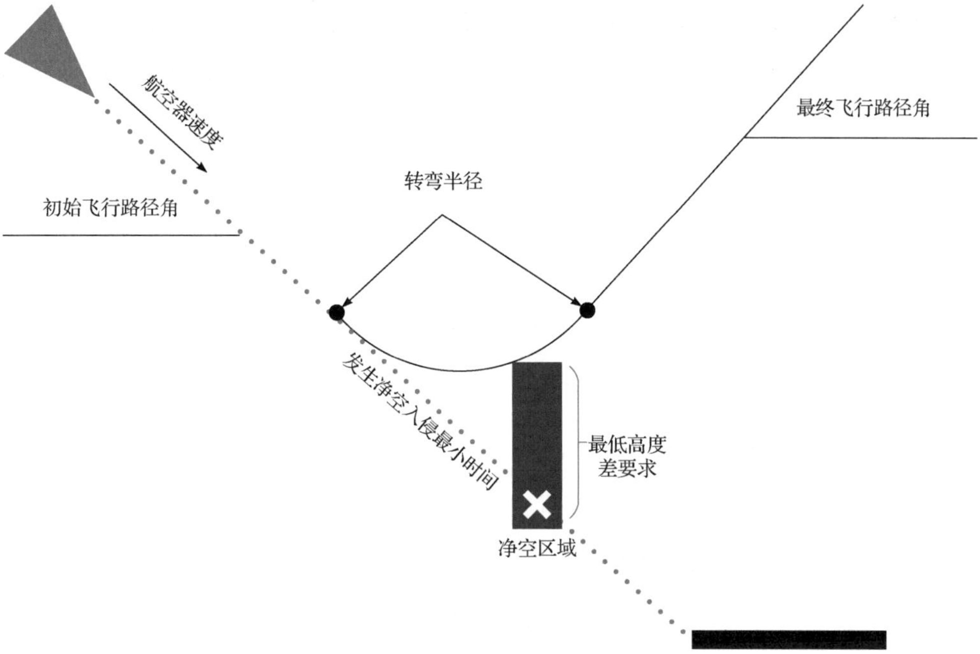

图 6-16　垂直机动示意图

接下来的部分描述了参数设置和相关的数学表达，整个过程中假设入侵者保持恒定轨迹，坐标系原点定义在无人驾驶航空器将会面临 LoWC 发生的坐标点。

6.4.3　LoWC 的机动时间

无人驾驶航空器空速 V_{UA}：单位为节(kn)，在机动过程中保持恒定不变；

初始飞行路径角 γ_i：单位为度(°)；

最终飞行路径角 γ_f：单位为度(°)；

过载因子 n_z：单位为 g，如果未加速取值为 $1g$；

所需高度偏差 ΔH_{req}：单位为英尺(ft)，定义为无人驾驶航空器必须保持的在初始飞行路径上的高度；

入侵机空速 V_{int}：单位为节(kn)，由航空器之间的距离决定；

入侵机飞行路径角 γ_{int}：单位为度(°)；

重力加速度 g：32.2 ft/s^2。

垂直机动由三条不同的飞行路径组合而成：①恒定的初始飞行路径；②恒定的俯仰半径；③恒定的最终飞行路径。以下各节对每个部分进行分析。

1. 初始飞行路径

定义执行机动的原点位置：

$$\begin{cases} x_i = V_{x_i} t_i \\ z_i = V_{z_i} t_i \end{cases} \tag{6-22}$$

这里 $V_{x_i} = V_{\mathrm{UA}} \cos\gamma_i, V_{z_i} = V_{\mathrm{UA}} \sin\gamma_i$。由于飞机正在机动并保持恒定空速，可以认为达到 LoWC 的飞行时间等于完成接下来两个机动段所需的时间：恒定俯仰半径和最终飞行路径。所以，$t_i = t_{\mathrm{pitch}} + t_{\mathrm{climb}}$。

2. 恒定半径俯仰

俯仰角速度：

$$\dot{\gamma} = \frac{g(n_z - 1)}{V_{\mathrm{UA}}} \tag{6-23}$$

俯仰半径：

$$R = \frac{V_{\mathrm{UA}}^2}{g(n_z - 1)} \tag{6-24}$$

俯仰所需的时间是通过俯仰角的变化除以俯仰速率来计算的：

$$t_{\mathrm{pitch}} = \frac{\Delta\gamma}{\dot{\gamma}} = \frac{\gamma_f - \gamma_i}{\dfrac{g(n_z - 1)}{V_{\mathrm{UA}}}} \tag{6-25}$$

俯仰时的高度和水平位置变化：

$$\begin{cases} \Delta H_{\mathrm{pitch}} = R\cos\gamma_f - R\cos\gamma_i \\ \qquad = \dfrac{V_{\mathrm{UA}}^2}{g(n_z - 1)}(\cos\gamma_i - \cos\gamma_f) \\ \Delta X_{\mathrm{pitch}} = R\sin\gamma_i + R\sin\gamma_f \\ \qquad = \dfrac{V_{\mathrm{UA}}^2}{g(n_z - 1)}(\sin\gamma_i + \sin\gamma_f) \end{cases} \tag{6-26}$$

3. 终端飞行路径

爬升所需时间和爬升时的水平位置变化：

$$\begin{cases} t_{\mathrm{climb}} = \dfrac{\Delta H_{\mathrm{climb}}}{V_{z_f}} = \dfrac{\Delta H_{\mathrm{req}} - \Delta H_{\mathrm{pitch}} - z_i}{V_{\mathrm{UA}} \sin\gamma_f} \\ \qquad = \dfrac{\Delta H_{\mathrm{req}} - \Delta H_{\mathrm{pitch}}}{V_{\mathrm{UA}} \sin\gamma_f} - \dfrac{V_{\mathrm{UA}} \sin\gamma_i}{V_{\mathrm{UA}} \sin\gamma_f} t_i \\ \qquad = \dfrac{\Delta H_{\mathrm{req}} - \Delta H_{\mathrm{pitch}}}{V_{\mathrm{UA}} \sin\gamma_f} - \dfrac{\sin\gamma_i}{\sin\gamma_f} t_i \\ \Delta X_{\mathrm{climb}} = V_{x_f} t_{\mathrm{climb}} = V_{\mathrm{UA}} \cos\gamma_f \cdot t_{\mathrm{climb}} \end{cases} \tag{6-27}$$

式中，ΔH_{climb}是爬升高度；V_{z_f} 是最终垂直速度；V_{x_f} 是最终水平速度。

4. 初始位置

联立式(6-26)和式(6-27)，初始位置是后面两个阶段的和：

$$X_i = \Delta X_{\text{pitch}} + \Delta X_{\text{climb}} = V_{x_i} t_i \tag{6-28}$$

求解初始机动到 LoWC 的时间 t_i：

$$\begin{cases} X_i = V_{\text{UA}} \cos\gamma_i \cdot t_i = \dfrac{V_{\text{UA}}^2}{g(n_z - 1)}\left(\sin\gamma_i + \sin\gamma_f\right) + V_{\text{UA}} \cos\gamma_f \cdot t_{\text{climb}} \\ \quad = \dfrac{V_{\text{UA}}^2}{g(n_z - 1)}\left(\sin\gamma_i + \sin\gamma_f\right) + V_{\text{UA}} \cos\gamma_f \left[\dfrac{\Delta H_{\text{req}} - \Delta H_{\text{pitch}}}{V_{\text{UA}} \sin\gamma_f} - \dfrac{\sin\gamma_i}{\sin\gamma_f} t_i\right] \\ t_i = \dfrac{\dfrac{V_{\text{UA}}^2}{g(n_z - 1)}\left(\sin\gamma_i + \sin\gamma_f\right) + \dfrac{\Delta H_{\text{req}} - \Delta H_{\text{pitch}}}{\tan\gamma_f}}{V_{\text{UA}} \cos\gamma_i + \dfrac{V_{\text{UA}} \sin\gamma_i}{\tan\gamma_f}} \end{cases} \tag{6-29}$$

6.4.4 初始机动范围

使用 LoWC 的初始机动时间方程，求解初始无人驾驶航空器位置和相对于原点的高度：

$$\begin{cases} X_{\text{UA}_i} = V_{\text{UA}} \cos\gamma_i \cdot t_i \\ H_{\text{UA}_i} = V_{\text{UA}} \sin\gamma_i \cdot t_i \end{cases} \tag{6-30}$$

入侵机初始位置可以定义为到原点的距离和距原点的垂直位移。

入侵机对 LoWC 的距离：

$$X_{\text{int}_i} = V_{\text{int}} \cos\gamma_{\text{int}} \cdot t_i \tag{6-31}$$

入侵机对 LoWC 的高度：

$$H_{\text{int}_i} = V_{\text{int}} \sin\gamma_{\text{int}} \cdot t_i \tag{6-32}$$

考虑两种情况相遇：正面相遇(β=0)或在最接近点呈 90°的相遇。为了使X_i代表无人驾驶航空器到 LoWC 的范围，入侵机必须位于 DWC 边界。LoWC 的范围由 S^*定义：

$$S^* = \max\left(\text{DMOD}, \frac{1}{2}\sqrt{\left(\dot{r}\tau_{\text{mod}}^*\right)^2 + 4\text{DMOD}^2} - \dot{r}\tau_{\text{mod}}^*\right) \tag{6-33}$$

对于几何情况，无人驾驶航空器最大距离之间的角度是两架无人驾驶航空器空速的函数：

$$\beta\left(\text{Range}_{i_{\max}}\right)=\arctan\left(\frac{V_{\text{int}}}{V_{\text{UA}}}\right) \tag{6-34}$$

对于终端几何情况，无人驾驶航空器和入侵机之间的初始机动范围 MIR 如下：

$$\text{Range}_i=\sqrt{\left(X_{\text{UA}}+S^*\cos\beta\right)^2+\left(X_{\text{int}}+S^*\sin\beta\right)^2} \tag{6-35}$$

无人驾驶航空器和入侵机在 0°的初始机动范围 MIR：

$$\text{Range}_i=X_{\text{UA}}+X_{\text{int}}+S^* \tag{6-36}$$

6.5 DAIDALUS 算法实现

DAIDALUS 算法是 DAA 模块的核心，具有探测、告警以及给出机动引导这三个功能。这里假设输入到 DAIDALUS 算法的数据都在标准规定的精确度和完整性的接受范围内。本章研究了 DAIDALUS 算法中的探测、警告和决策处理流程与实现方法。

DAIDALUS 算法模块由三种核心算法组成，分别是探测逻辑(detection logic)、决策处理(decision processing)、告警逻辑(alerting logic)。这三种算法的组合应用可以达到给 PIC 提供交通感知和机动引导，以避免造成其净空区域被入侵的目的。对 DAIDALUS 算法的大致描述如下。

DAIDALUS 算法主要按照三个功能，即探测获得相对状态、告警判断和规划机动引导的顺序依次完成。DAIDALUS 算法可以确定当前时间下一对飞机之间的净空状态，并在假设沿当前轨迹的前提下，预测在给定的前向时间内是否有净空入侵。在预测到有入侵的情况下，DAIDALUS 算法还可以计算净空入侵的间隔时间。此外，DAIDALUS 算法还实现了计算冲突带的算法。这些冲突带表示航向、对地(或对空)速度和垂直速度机动的范围，预计这些机动会在给定的前向时间内导致多架交通飞机出现净空入侵。冲突在给定的前向时间内对飞机进行飞行预测。冲突带旨在为无人驾驶航空器操作员提供信息，并帮助飞行员选择远离其他飞机的轨迹。当飞机发生入侵时，或者当净空入侵不可避免时，DAIDALUS 算法将计算净空恢复带，它代表无人驾驶航空器操作员在尽可能短的时间内恢复净空状态的水平和垂直机动范围，同时将碰撞风险最小化。最后，DAIDALUS 算法还实现了可配置的告警算法，它们返回一个指示警报级别的整数值。可能返回的最低警报级别是零，这表示没有警报发出。随着净空入侵威胁的增加，其对应的警报级别也会提高。

6.5.1 获得相对状态

DAIDALUS 算法主要获得四种数据：本机状态数据、入侵机状态数据、本机的性能参数以及风速。需要获取的本机及入侵机的状态数据如表 6-3 所示。

表 6-3　输入状态数据

数据名称	数据单位	数据含义	备注
identifier	N/A	本机/入侵机 ID	
latitude	°	纬度	北正南负
longitude	°	经度	东正西负
altitude	ft	高度	
ground speed	kn	对地速度	
ground track	°	航向	始于正北方向
vertical velocity	ft/min	垂直速度	

DAIDALUS算法实现了一个简单的风模型,它使用速度矢量在全球范围内进行应用。当提供一个风向矢量时，DAIDALUS 算法均匀地将该风向矢量应用于当前和未来的所有飞机状态，直到设置另一个矢量(可能为零，即“无风”为止)。这个矢量可以使用“TO”(风吹向的方向)或“FROM”(来自自身视点的风源方向)约定来提供。设置风向矢量的一个重要结果是，所有计算和输出都变成相对于风的。

一个 DAIDALUS 对象可以通过编程或配置文件进行配置。如果选择通过编程方式配置 DAIDALUS 对象，可以使用相应的函数和方法来设置各种参数和选项，以满足需求。这样可以灵活地在代码中进行配置，并实时地进行修改和调整。另一种方式是通过配置文件来配置 DAIDALUS 对象。可以创建一个配置文件，其中包含需要设置的参数和选项，然后将该配置文件作为输入来实例化 DAIDALUS 对象。这样的配置文件可以使用特定的语法和格式，以确保正确地指定所需的配置。要配置的本机性能限制参数主要是最大转弯速率、最大/小速度、最大/小加速度等。

6.5.2　探测与警报

探测逻辑给定一个前向时间间隔$[B,T]$，规定$T>B>0$，B代表开始探测的时间，可以取 0 或其他正值，T代表探测结束的时间。该逻辑可以计算净空入侵的时间间隔，然后通过将空域分为水平和垂直方向，分别预测飞机的飞行轨迹，并通过预先给定的一组阈值判断该时间间隔内两个方向是否存在净空入侵。由探测逻辑做出的预测是基于给定的前向时间上的一对拥有恒定速度飞机的预测，这些预测如图 6-17 所示。

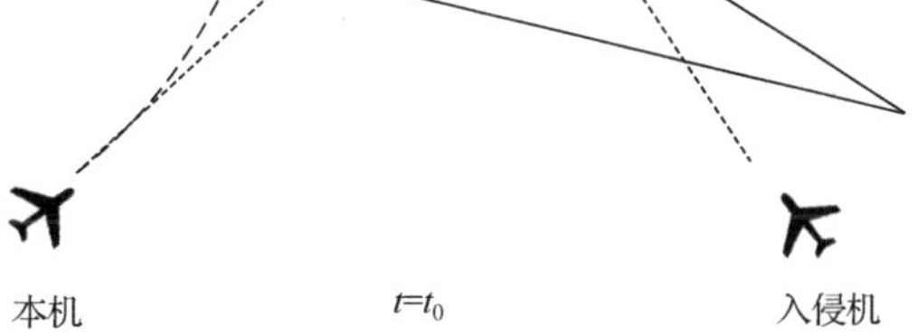

图 6-17　对匀速飞行的飞机预测图

探测策略中定义了三种重要的方法。

violation 是判断在 $t=0$ 的情况下，当前飞机状态是否造成净空入侵的方法，具体流程如图 6-18 所示。S 是两机间相对距离，D 是最小水平间隔距离，当 $S^2<D^2$ 成立时，即代表两机相对距离小于最小水平间隔，那么在水平方向上的入侵成立。接下来，判断 $Z<H$ 是否成立，其中 Z 是两机间相对高度，H 是最小垂直间隔，若成立，代表两机相对高度小于最小垂直间隔，那么在垂直方向上入侵成立。当两个维度的入侵都成立时，即可得到当前飞机以及造成净空入侵的结论。

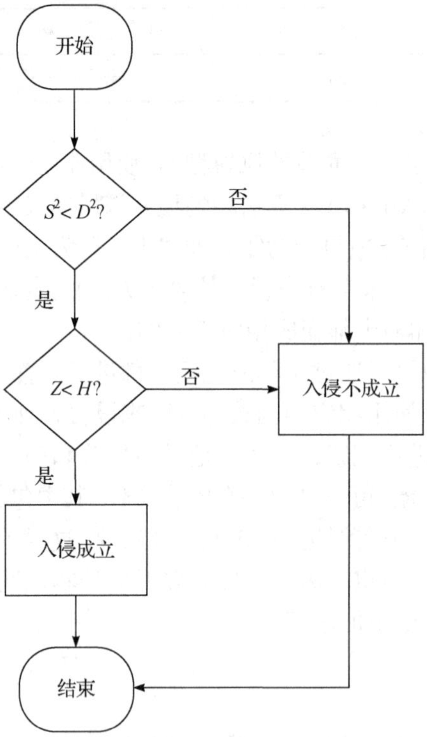

图 6-18　入侵判断流程图

conflict 是假设本机和入侵机都按照当前速度飞行的情况下，判断在给定的一段前向时间 $[B,T]$ 中，是否会造成净空入侵。要在前向时间内同时满足水平方向上的入侵和垂直方向上的入侵都成立时才代表其 conflict 成立。探测水平方向上的冲突算法表示为 CD2D，在给定的前向时间有效的前提下，先判断在 B 时刻，即探测开始时，两机之间的相对距离不等于且小于最小水平间隔距离条件是否同时成立，若成立，就能得出水平入侵的结论。若条件中有一项不成立，则判断两机在探测开始 B 时刻的相对距离是否等于最小水平距离，若条件成立，再加上两机是水平趋近的，那么就一定会出现 $S<D$ 的情况，也可以得出水平入侵的结论。否则就判断第三个大条件，即两机航迹是否会在净空区域内相交，相交则代表一定会产生水平入侵。CD2D 算法的流程如图 6-19 所示。

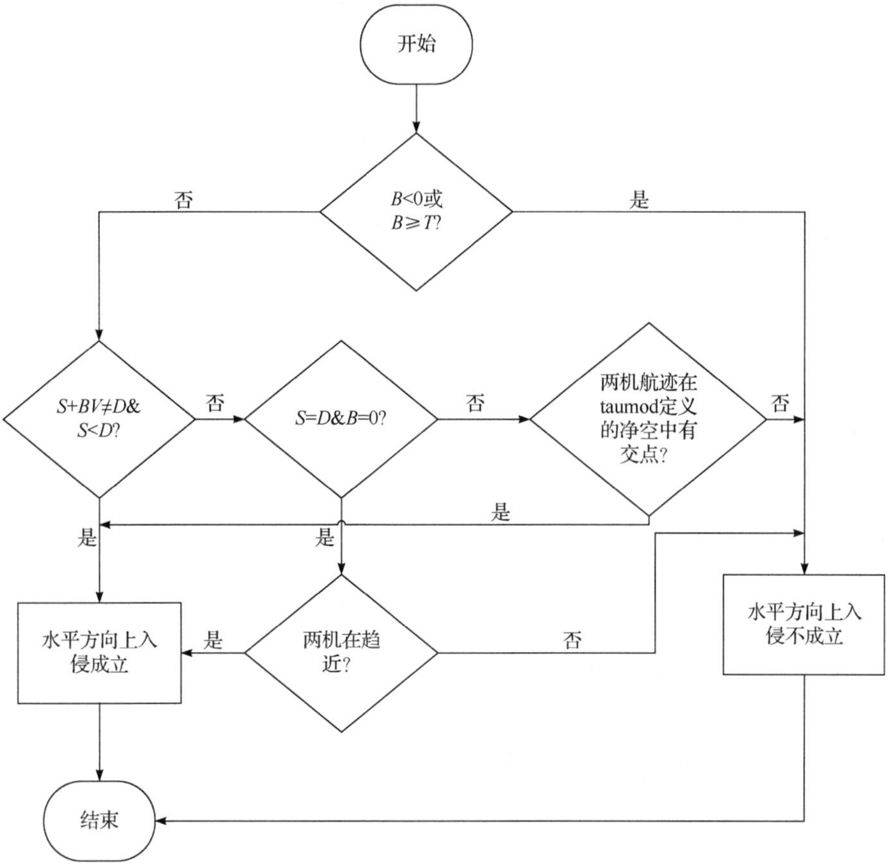

图 6-19　CD2D 算法流程图

探测三维空间中的冲突算法称为 CD3D，该算法将 CD2D 算法和判断垂直入侵的算法结合在一起，其具体流程图如 6-20 所示。

在给定的探测时间有效的前提下开始整个算法过程，由于垂直方向的入侵判断比水平方向上的简单，因此先判断在探测开始时，垂直方向上是否已经入侵，若成立，再判断是否会产生水平入侵，两个维度上的入侵都成立时，则会发生净空入侵。如果垂直方向上的入侵不是与探测开始的时间 B 同时开始的，就计算在垂直方向上将会产生入侵的时间段$\left[M_1,M_2\right]$，并判断在该时间段内，水平方向上的入侵是否成立。

除了探测当下状态和一段前向时间中的两机是否会发生净空入侵以外，还需要计算出探测得到的具体数据，以便于后续的决策处理。这部分功能由 ConflictDetection 函数完成。ConflictDetection 函数通过输入本机和入侵机的状态数据并给定一个前向时间$\left[B,T\right]$，规定 $T>B>0$，B 代表开始探测的时间，T 代表探测结束的时间，该函数返回一个 ConflictData，这个冲突数据主要包括飞机在给定的前向时间内造成净空入侵的开始时间和结束时间，表示为 LossData。当没有冲突产生时，会返回前向时间内到达由 D、H 定义的净空体积边界的最接近点的距离和时间。

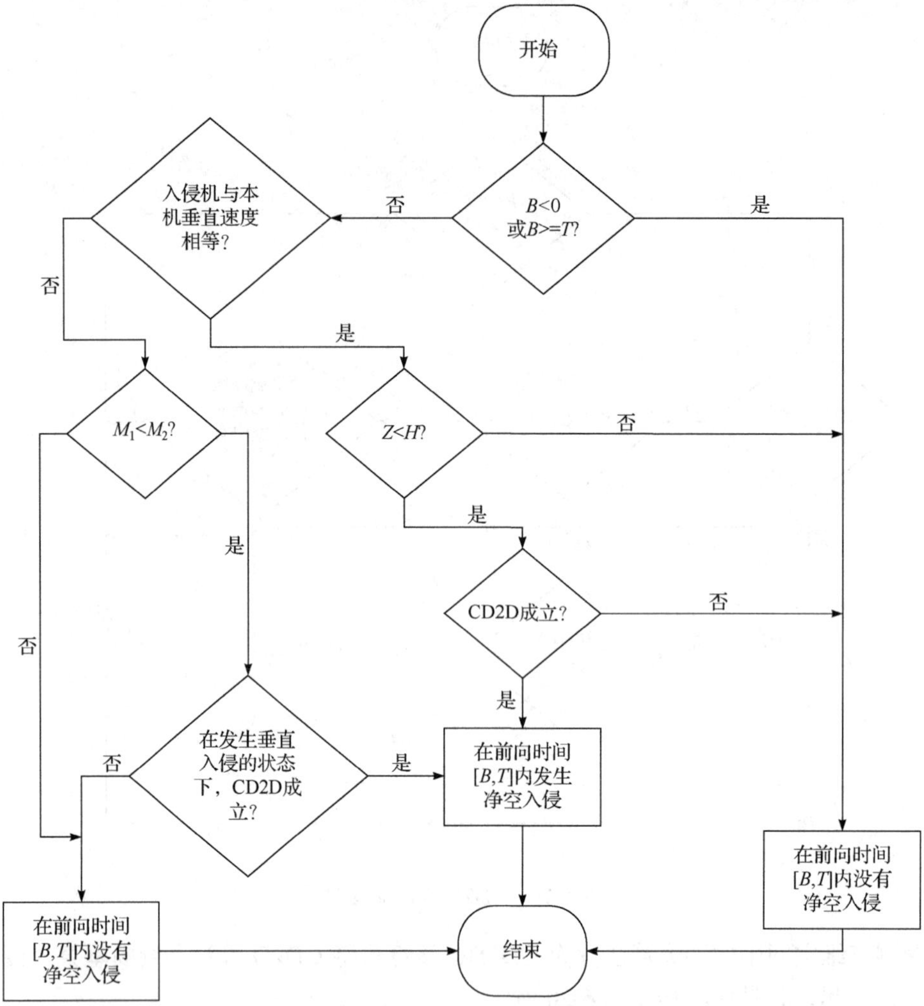

图 6-20　CD3D 算法流程图

6.5.3　规划机动引导

在对空域的探测和警告实现后，本系统会通过得到的信息进行决策处理，决策处理的内容包括给出四个方面的机动引导，即航向、水平速度、高度和垂直速度。给出的机动引导既有必须执行的正向引导，也有不能执行的负向引导。将规划机动引导分为两步：第一步是先对空域中的交通飞机进行分类，以方便进行不同的决策处理；第二步是对列表中的飞机进行分门别类的决策处理。

决策处理同样以给定时间间隔的形式对机动引导进行计算，达到保持 DWC 或恢复 DWC 的目的。DAIDALUS 算法提供的机动引导以冲突带(即导致净空入侵的本机机动范围)或恢复带(即从当前或不可避免的净空入侵中恢复的本机机动范围)的形式呈现。计算这些带的前提是本机的转弯率和加速度恒定，以及入侵机采取恒定速度飞行。图 6-21 演示了在航向冲突带计算中可能出现的对本机和入侵机的状态预测。

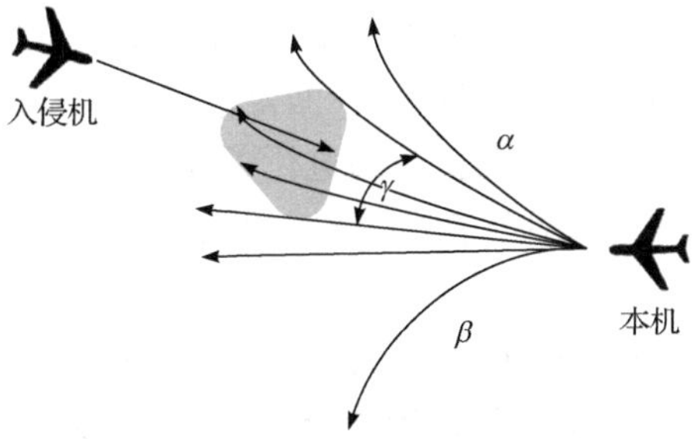

图 6-21　冲突带状态预测图

图 6-21 中灰色区域代表根据机动范围，预测出的净空入侵区(well clear violation，WCV)，实线代表在前向时间结束时的机动方向，α 和 β 分别代表本机向右和向左转弯的性能限制，γ 代表预测会导致本机净空入侵的机动范围。

冲突带可以是预防级(preventive)的，也可以是纠正级(corrective)的。如果在前向时间之内，沿着本机的当前速度矢量预测没有净空入侵，则冲突带是预防级的，但本机在其性能限制内执行的某些操作将导致在前向时间内发生净空入侵。如果预测在前向时间内沿着本机当前速度矢量会发生净空入侵，则冲突带是纠正级的。如果净空入侵已经发生或无法避免，冲突带就成为恢复带。恢复带提供机动引导，以在最短时间内恢复净空状态。

自分离阈值(self separation thresholds，SST)通常是指飞机在空中进行自主飞行时，与其他飞机保持一定的安全间隔的阈值。这是在未来空中交通管理系统中的一个关键概念。

预防带、纠正带和恢复带统称为引导带。图 6-22 描述了 DAIDALUS 功能的概念视图，展示了一个相遇过程中航向带在四个离散时间的例子。

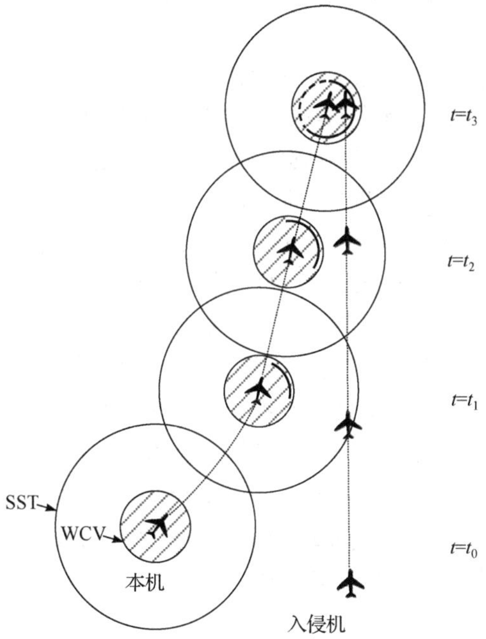

图 6-22　四个离散时间下的机动引导带

围绕本机的外圆代表 SST，对应着净空入侵区和 2 级警报时间。本机周围的阴影区域表示 WCV，对应着配置的 3 级警报时间，根据警报时间的取值可分为预防带和纠正带。下面对图 6-22 中的四个离散时间的两机行为进行了描述。

在 $t = t_0$ 时刻，本机和入侵机处于初始位置。由于入侵机在 SST 之外，因此，没有显示本机的引导带。

在 $t = t_1$ 时刻，本机和入侵机处于新的位置，入侵机处于本机 SST 内，因此，DAIDALUS 计算的引导带被表示为预防带(如图 6-22 中实线弧所示)，表示本机应避免的航向范围，因为这些航向会在前向时间内导致净空入侵。

在 $t = t_2$ 时刻，本机和入侵机的相遇已经使得引导带从 t_1 时刻的预防带变成了纠正带，即冲突的航向带已经发展到包括本机当前的航向。所以，可以预测如果以恒定速度继续前进，会造成净空入侵。

在 $t = t_3$ 时刻，入侵机处于本机的 WCV 中，并且发生了净空入侵。因此，DAIDALUS 计算的引导带表示为恢复带(如图 6-22 中虚线弧所示)。恢复带为无人驾驶航空器操作员提供指导，指示的机动在本机的性能限制范围内，并将使得无人驾驶航空器及时恢复净空状态。

首先在接收到空域中所有交通飞机的相对状态后，系统会将它们依次编号并按照前面所述，依次对它们进行探测和警报，并将会同本机的当前路径造成净空入侵的交通飞机——交通入侵的级别对应着三个警报级别(预防、纠正、警告)，存放进三个列表中，统称为 conflict_aricraft。同时将不会同本机的当前路径造成净空入侵的交通飞机，即外围飞机，存放进 peripheral_conflict 列表中，对应警报级别 0。其流程图如图 6-23 所示。

在将交通飞机依次放入对应的列表后，就可以进行决策处理了，即将列表中的状态依次取出并进行机动引导。由于系统一共会给出四个方面的机动引导，所以接下来以航向为例阐述这一过程。

随着本机和入侵机状态的变化，在相遇过程中每一秒给出的机动引导都是不尽相同的，在 KinematicIntegerBands 类中，从开始探测的 B 时刻起，计算本机在当前的位置下改变航向时是否会产生冲突和产生冲突的级别，在确定冲突级别后，更新存放飞机的 conflict_aricraft 和 peripheral_conflict 列表，再让 $B+1$，更新飞机的位置状态，再计算此时的本机位置是否会产生冲突和产生冲突的级别，再更新列表，重复上一过程。获得机动引导的实质就是按照给定的 j_step 值，根据粒度 tsk 迭代计算本机在改变 tsk*j_step 之后的状态是否会与从列表中取出的该交通飞机的状态发生冲突，若预测会发生冲突，则对应的本机改变 tsk*j_step 后的航向为不能选择的，若预测不会发生冲突，则对应的本机改变 tsk*j_step 后的航向是可以选择的。这些可选择的航向加在一起，就是可以维持 DWC 的机动引导，不可选择的航向加在一起，就是会导致损失 DWC 的机动引导，计算出的引导会以机动带[trk1，trk2]的形式给出。其中 min⩽trk1⩽trk2⩽max。min 和 max 代表最开始输入的飞机性能限制参数，在航向引导带中意味着为最大左转角度和最大右转角度，这里都设为 180°。在飞机的最初状态对应列表中取出一架飞机 ac 并给出相应机动引导的流程图如图 6-24 所示。

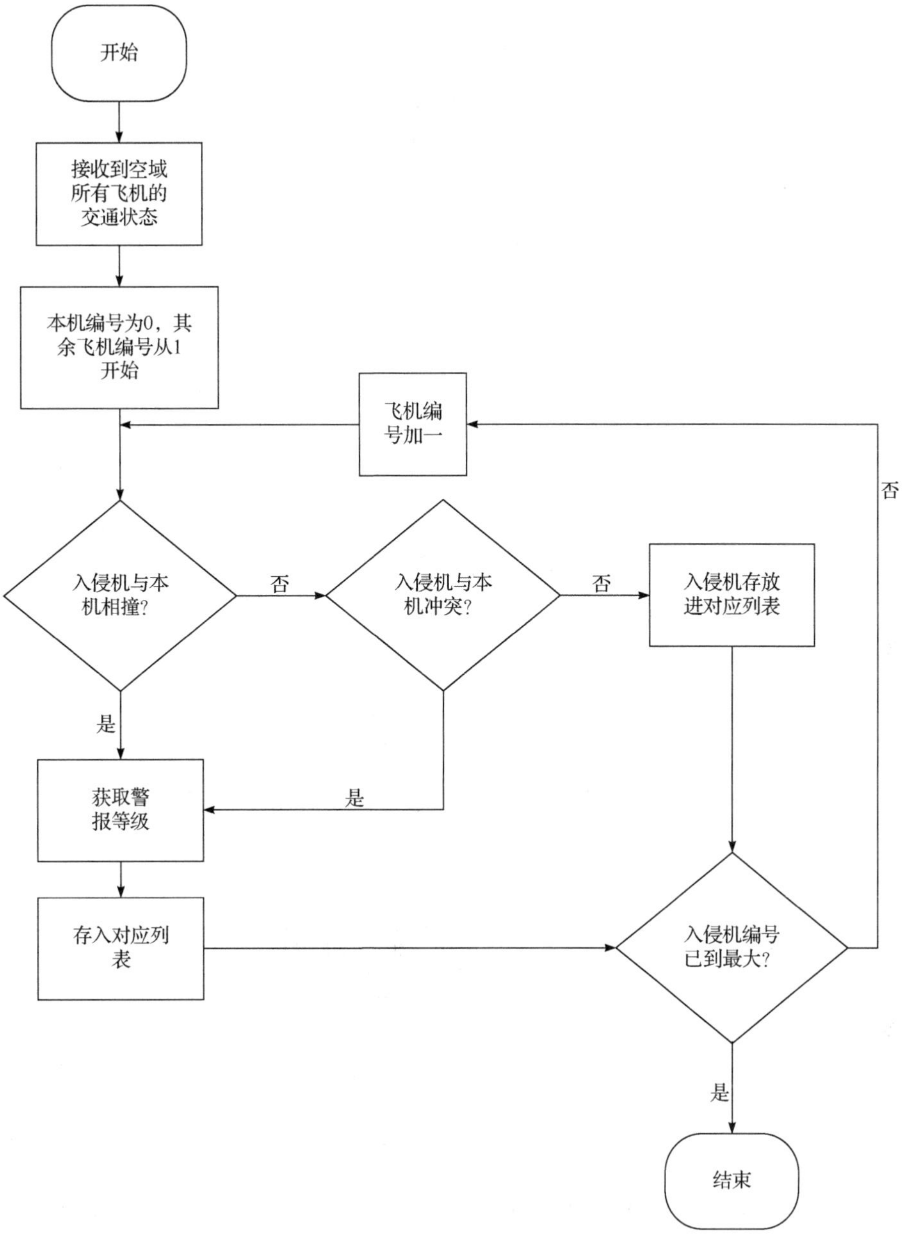

图 6-23　交通飞机分类流程图

DAIDALUS 提供的机动指导可以分为以下四个维度。

水平方向：航迹或航向机动的范围；

水平速度：地速或空速机动的范围；

垂直速度：垂直速度机动的范围；

高度：高度机动的范围。

在每个维度上，机动指导由一个有序的区间列表表示。

NONE：这种类型的区间表示无冲突的机动。

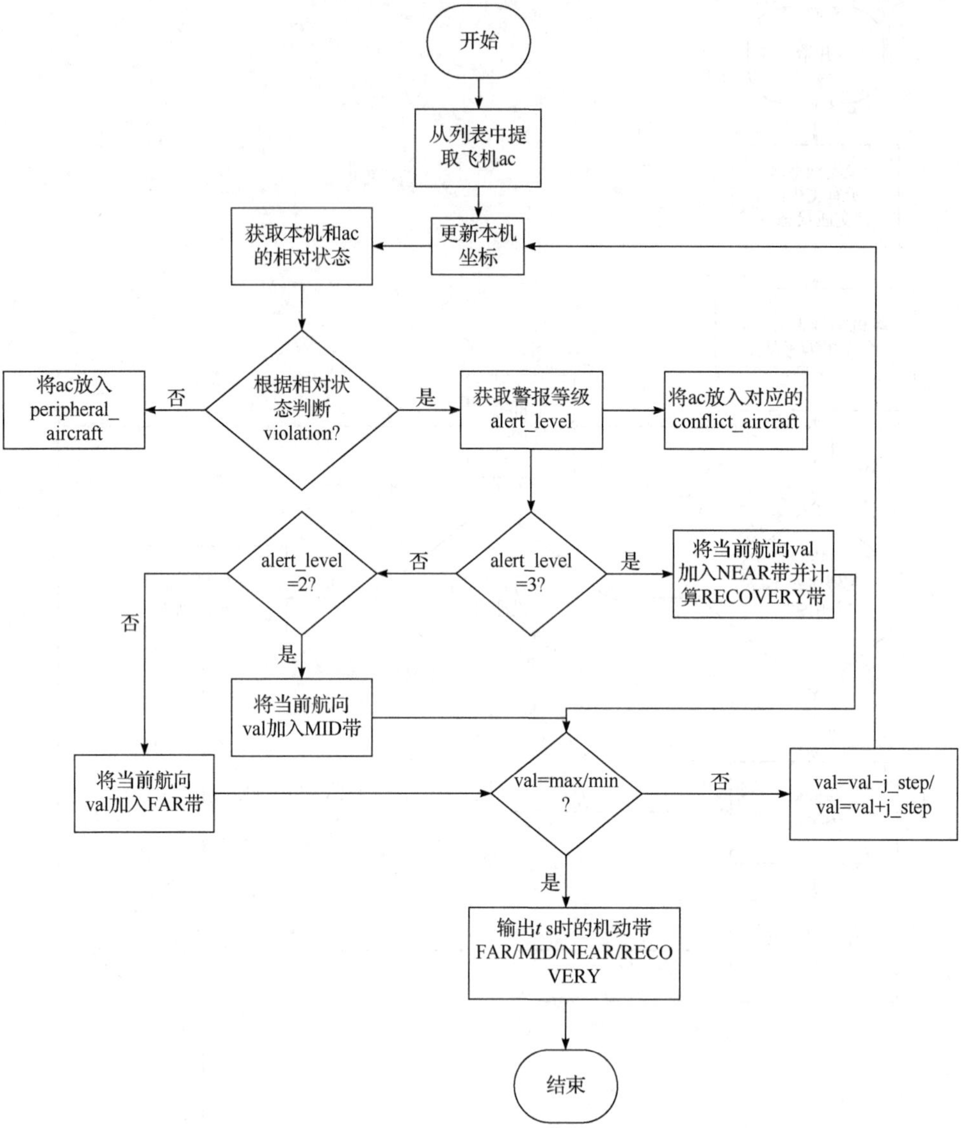

图 6-24　机动引导流程图

FAR：在 RTCA DO-365A 配置中没有配置此类型的区间。但是，它可以配置为指示导致预警的机动。

MID：这种类型的区间表示导致纠正性警戒的机动。

NEAR：这种类型的区间表示导致警告性警戒的机动。

RECOVERY：这种类型的区间表示以及时且不违反可配置的最小间隔的方式恢复到良好的间隔状态。根据机动指导逻辑的定义，只有在没有 NONE 类型的区间时才计算 RECOVERY 类型的区间。

流程图只展示了在某一时刻下，对列表中取出的一架飞机进行机动引导过程，实际上在一个时刻下，要对所有列表中的 n 架交通飞机都进行如上的处理，处理后就能得到 n

架飞机分别对应的 n 个 FAR 带、n 个 MID 带、n 个 NEAR 带和 n 个 RECOVERY 带(几种引导带并不一定同时存在)，接下来进行求交集的处理，才能得到在此时间粒度下真正的机动引导带，即 FAR 带是所有 FAR 带的交集，MID 带是所有 MID 带的交集，NEAR 带是所有 NEAR 带的交集，同样地，RECOVERY 带也是所有 RECOVERY 带的交集。在求得某一时刻的机动引导后，让时间进行改变，并重复以上过程，就可以得到在不同时刻系统给出的机动引导了。

6.6 仿 真 案 例

为了完成对 DAA 功能的完整测试，采用 DAIDALUS 算法进行验证，构建软件平台，对无人驾驶航空器的飞行轨迹进行模拟，分析在不同飞行过程下的 DAIDALUS 算法输出结果。

6.6.1 仿真环境设计

在计算机上完成对仿真环境的构建，开发 DAIDALUS 算法软件验证平台，该平台在 Eclipse 软件上采用 JAVA 语言编写，将无人驾驶航空器的运行轨迹存入.csv 文件中，并导入 DAIDALUS 算法软件验证平台，该平台可以按照无人驾驶航空器的轨迹数据，将无人驾驶航空器显示在界面上，同时将引导逻辑可视化，显示飞行过程中的航向带、高度带、水平速度带与垂直速度带等范围，软件的界面如图 6-25 所示，由四部分组成，第一部分为主界面，主要显示飞行器的水平位置信息和引导带；第二部分用于显示本机的航向、水平速度和垂直速度；第三部分显示飞行器的垂直方向的位置关系；第四部分表示本机水平和垂直方向上的速度引导带。

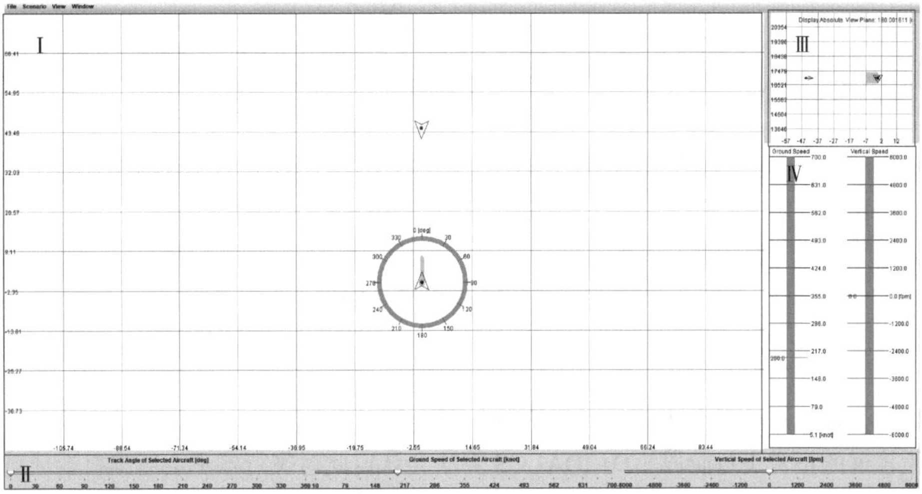

图 6-25　DAIDALUS 算法软件验证平台界面

在软件中，不同危险等级的飞行器用不同外框的标志表示，用三角形表示该航空器处于安全状态，不会发生净空入侵，要保持当前的飞行状态；用圆形表示预防级和纠正级的飞行器；用正方形表示警报级的飞行器，表示无人驾驶航空器处于极其危险的状态下。不同的标志如图 6-26 所示。

图 6-26　飞行器符号示意图

设计一个多机冲突的飞行场景，其中包含了较为典型的正面冲突场景、交叉冲突场景与汇聚场景，飞行仿真测试的飞行器起始数据如表 6-4 所示。

表 6-4　飞行器仿真数据

数据名称	1	2	3	4
位置(lat/lon)	(30，118)	(30.2，118)	(30.15，117.85)	(30，117.8)
水平速度/kn	200	200	200	200
垂直速度/(ft/min)	0	0	0	0
垂直高度/ft	17000	17000	17000	17000
航向/(°)	0	180	135	90

飞行器的初始相对位置平面图如图 6-27 所示。

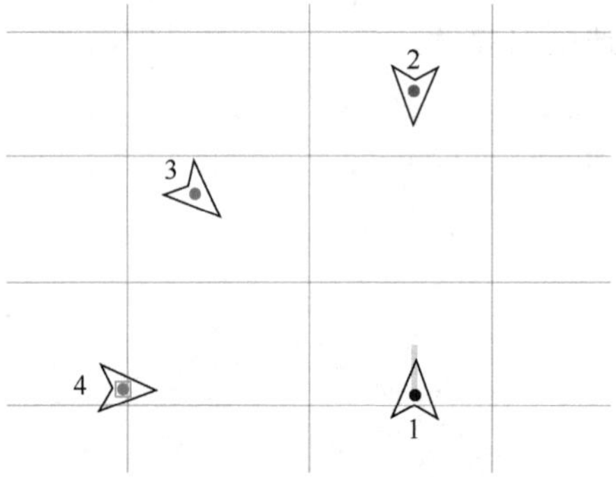

图 6-27　飞行器位置示意图

6.6.2　仿真结果分析

将飞行器飞行阶段分为正常飞行阶段、发生警报阶段和发生净空入侵阶段，在飞行器相距较远的正常飞行阶段，DAIDALUS 算法会认定此时飞行器不会对本机造成威胁，自动过滤掉此类飞行器，减少计算。随着飞行器的距离越来越近，主要探究在发生警报阶段和发生净空入侵阶段 DAIDALUS 算法提供的告警与引导。

1. 发生警报阶段

警报阶段飞行器位置如图 6-28 所示，在本阶段，三架入侵机处于本机的预防区和纠正区(如图中圆形外框标志所示)，DAIDALIUS 算法预测的本机机动范围如图中实线圆弧和虚线圆弧区域所示，实线圆弧区域表示算法不建议本机按照此范围的航向航行，虚线圆弧区域表示算法建议的本机摆脱警报阶段的航行方向。

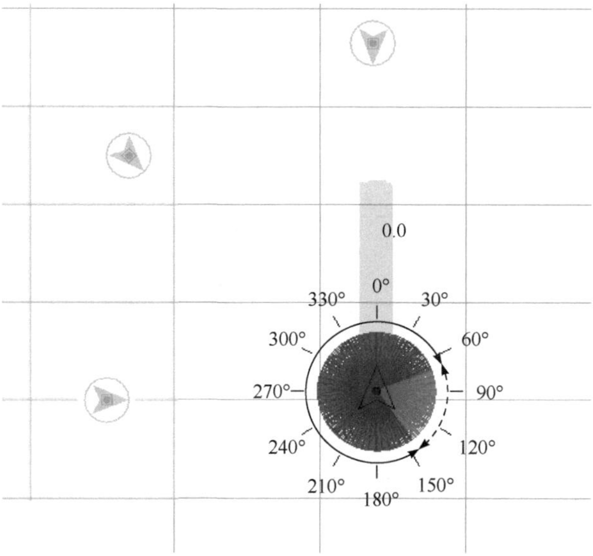

图 6-28　警报阶段本机航向建议示意图

在高度方面的示意图如图 6-29 所示，图中对本机所处的 17000ft 进行了警报，并示意升高和降低飞行高度都可以摆脱当前的警报状态。图中的灰色部分表示无人驾驶航空器可以正常航行的高度带。

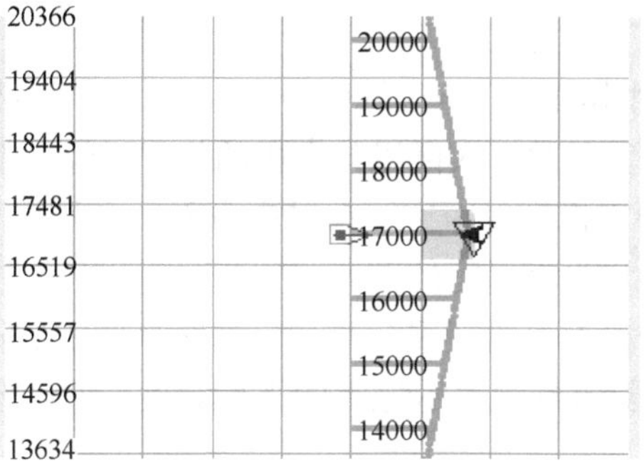

图 6-29　警报阶段本机高度建议示意图(单位：ft)

本机速度的建议如图 6-30 所示，分为水平速度和垂直速度，三角形刻度表示本机当前速度，锥形刻度表示会发生告警的速度，菱形刻度表示十分危险的速度。在水平方向，无论速度如何变化，两机都在接近，都会发生净空入侵；在垂直方向上，速度可以进行调整。

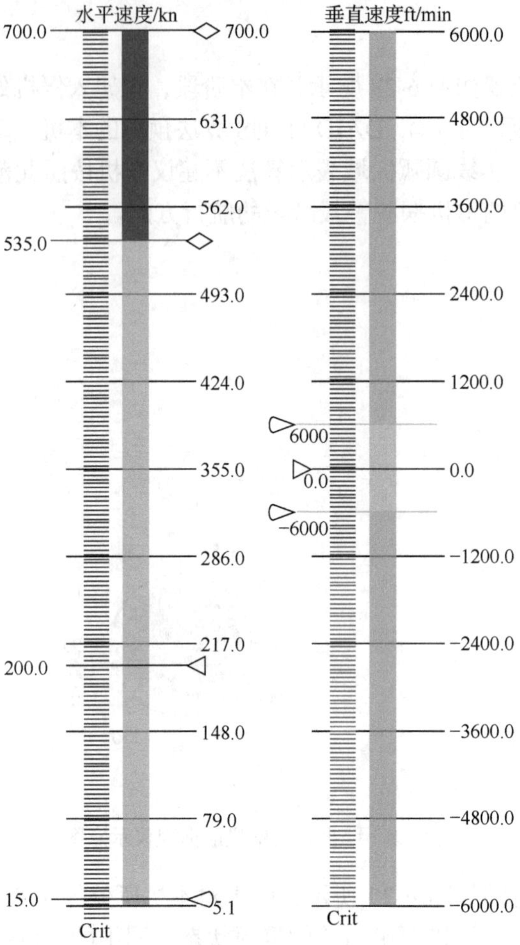

图 6-30　警报阶段本机速度建议示意图

2. 发生净空入侵阶段

如图 6-31 所示，此时本机的净空区域已经被入侵，入侵机外框已经由圆形变为正方形，表示现在本机已经极其危险，入侵机与本机的位置已经非常接近。DAIDALUS 算法此时的引导逻辑旨在引导本机恢复净空，在航向方面，入侵机与本机非常接近，任何航向都不安全，所以图中显示没有可能的航向。

在高度方面，算法建议本机改变飞行高度，无论升高还是降低飞行高度都可以恢复净空。如图 6-32 所示。菱形刻度表示危险的飞行高度，其他刻度表示建议本机调整的飞行高度。

在速度方面，DAIDALUS 算法提供了两种引导方案水平速度加速飞离该区域或者将垂直速度改变到 1900 ft/min，如图 6-33 所示。

由上述的仿真实验结果得知，DAIDALUS 算法在处理多机冲突时，在飞行器飞行的不同阶段，可以从高度、速度和航向等方面，准确地输出避让策略。在验证了 DAIDALUS 算法的准确性后，下面的章节都围绕 DAIDALUS 算法的输入和输出来展开。

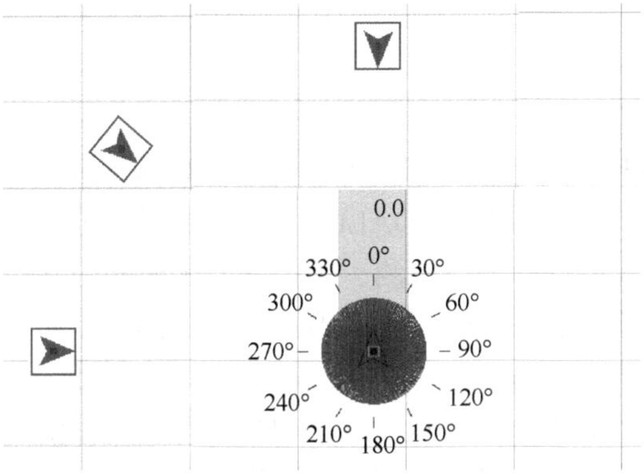

图 6-31　净空入侵阶段本机航向建议示意图

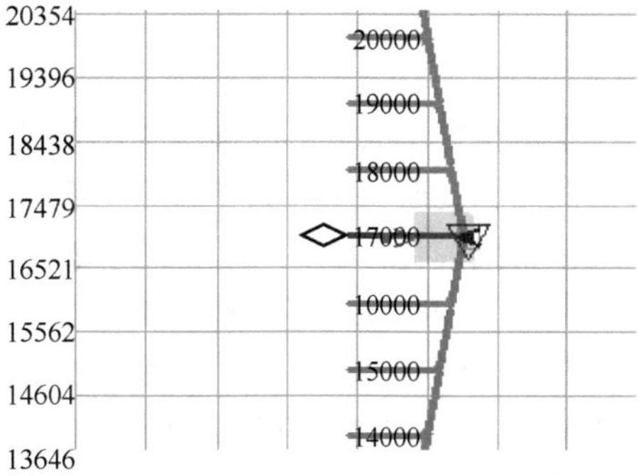

图 6-32　净空入侵阶段本机高度建议示意图

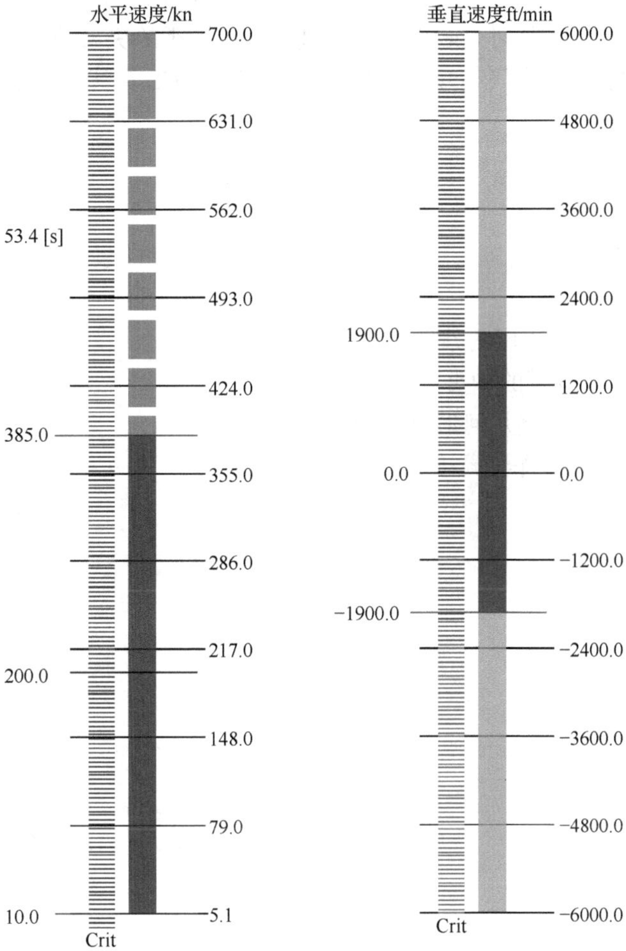

图 6-33　净空入侵阶段本机速度建议示意图

小　结

本章在关于无人驾驶航空器的最新标准 RTCA DO-365B 的参考下，对基于合作式防撞的探测和规避模块进行了设计与实现，该单元利用 DAIDALUS 算法，通过从前端监视系统接收到的目标机的飞行状态数据，对入侵目标进行探测、警报并给出机动引导。本章研究了 DAIDALUS 算法中的探测、警告和决策处理流程及实现方法，从而获得相对状态、探测和警报功能，以及规划机动引导这几种功能。在获得相对状态方面，介绍 DAIDALUS 算法主要获得四种数据：本机状态数据、入侵机状态数据、本机的性能参数以及风速；在探测这方面，一共研究了三种探测策略，分别是探测当下时间是否入侵、探测给定时间段内是否冲突，以及能获得冲突信息的 ConflictDetection；在给出机动引导中，将规划机动引导分为两步：第一步是先对空域中的交通飞机进行分类，以方便进行不同的决策处理；第二步是对列表中的飞机进行分门别类的决策处理，并用流程图表述。最终设计了无人驾驶航空器飞行场景，验证了 DAIDALUS 算法的避让策略的准确性。

习　题

6-1 简述 DWC 的定义。

6-2 简述 MIR 的含义。

6-3 简述 DWC 净空入侵的条件。

6-4 简述 DAA 引导带的种类。

6-5 列举水平模糊冲突几何形态的通行权。

6-6 给出 CD3D 冲突探测算法流程图。

参 考 文 献

陈思名, 2022. ACAS X 系统监视跟踪与冲突解脱模块的研究与实现[D]. 成都: 电子科技大学.

段跃飞, 2023. 无人机路径规划算法研究[D]. 成都: 电子科技大学.

樊昌信, 曹丽娜, 2012. 通信原理[M]. 7 版. 北京: 国防工业出版社.

高雅琪, 2022. 无人机系统中 DAA 模块的研究和设计实现[D]. 成都: 电子科技大学.

李帅, 2025. 无人机机载探测与避让系统研究[D]. 南京: 南京航空航天大学.

李铜波, 2020. 综合化防撞系统混合监视的设计与实现[D]. 成都: 电子科技大学.

李勇, 2018. 便携 FMCW 雷达系统设计与硬件实现[D]. 成都: 电子科技大学.

林志达, 2017. 无人机感知与规避系统中决策机制的研究[D]. 哈尔滨: 哈尔滨工业大学.

刘梦欣, 2020. 基于 FPGA 的 RS 编译码研究与设计[D]. 太原: 中北大学.

漆熙, 2012. 高速数传系统中调制解调器的实现及数字化研究[D]. 成都: 电子科技大学.

沈辉, 薛兵, 唐朝阳, 等, 2020. 基于 DDS 技术的信号发生器设计[J]. 电子测量技术, 43(20): 160-164.

汤新民, 沈志远, 2020. 民航交通信息工程[M]. 北京: 中国民航出版社.

汤新民, 顾俊伟, 刘冰, 等, 2024. 低空监视技术及其发展趋势综述[J]. 南京航空航天大学学报, 56(6): 973-993.

汤新民, 李帅, 顾俊伟, 等, 2025. 一种无人机冲突探测与避让系统决策方法[J]. 电子与信息学报, 47(5): 1-8.

王菲, 2009. 基于 1090MHz ES 数据链 ADS-B 关键技术研究[D]. 成都: 电子科技大学.

王世锦, 王湛, 2010. 机载雷达与通信导航设备[M]. 北京: 科学出版社.

王允钊, 2021. 机载防撞系统 ACAS X 中 TRM 模块的设计与实现[D]. 成都: 电子科技大学.

文旌宇, 2025. UAT2 数据链的发射机系统设计与容量提升研究[D]. 南京: 南京航空航天大学.

文旌宇, 汤新民, 冯文源, 等, 2024. UAT2 数据链发射机编码及调制技术[J]. 西华大学学报(自然科学版), 43(6): 53-62.

文旌宇, 汤新民, 汤盛家, 等, 2025. UAT2 数据链监视容量扩充研究[J/OL]. 北京航空航天大学学报: 1-15.

尤祖光, 陈大吾, 王锦, 2014. 低空空域监视与通用航空管理[M]. 上海: 上海科学技术出版社.

赵柠霄, 2023. 无人机探测与避撞系统告警和引导逻辑的研究[D]. 成都: 电子科技大学.

RTCA, 2011. Minimum operational performance standards(MOPS) for 1090 MHz extended squitter automatic dependent surveillance-broadcast(ADS-B) and traffic information services-broadcast (TIS-B: DO-260B)[S]. Washington: RTCA.

RTCA, 2020. Minimum operational performance standards for airborne collision avoidance system Xu (ACAS Xu): DO-386[S]. Washington: RTCA.

RTCA, 2021. Minimum operational performance standards (MOPS) for detect and avoid (DAA) systems: DO-365B[S]. Washington: RTCA.

RTCA, 2022. Minimum operational performance standards (MOPS) for universal access transceiver (UAT) automatic dependent surveillance-broadcast (ADS-B): DO-282C[S]. Washington: RTCA.

参考文献

[illegible]